# METROLOGÍA

*Una referencia práctica a tu medida*

Víctor Martínez Fuentes

Metrología. Una referencia práctica a tu medida.
Copyright © 2018 por Víctor Martínez Fuentes. All Rights Reserved.
Registro SEP-Indautor 03-2018-031210565800-01
México.

All rights reserved. No part of this book may be reproduced in any form or by any electronic or mechanical means including information storage and retrieval systems, without permission in writing from the author. The only exception is by a reviewer, who may quote short excerpts in a review.

Cover designed by Víctor Martinez Fuentes

Víctor Martínez Fuentes
Visit my website at www.aplited.com/publicaciones

Printed in the United States of America

First Printing: September 2017
APLITED, Metrología

ISBN-9781718174252
Independenly Published

Edición Kindle
ASIN: B075J7HSLP

*A la memoria del*
***Dr. Juan Manuel Figueroa Estrada***
*Gran amigo y maestro*
*de la Metrología y la vida*

*Agradecimientos*

*A mi madre, por su ejemplo de trabajo y persistencia que siempre me hace levantarme temprano y perseguir mis sueños*

*"Si puedes medir aquello de lo que hablas y si puedes expresarlo mediante un número, puede decirse que sabes algo acerca de ello; pero si no lo puedes medir, expresarlo en números, tu conocimiento será pobre e insatisfactorio"*

—WILLIAM THOMSON (LORD KELVIN)

# PREFACIO

En la actualidad la operación de medir es más importante que nunca. Es esencial en muchas tecnologías actuales, desde la astronomía, la nanotecnología, la farmacéutica, hasta la manufactura y el control de calidad.

El propósito de este libro es presentar al lector una práctica introducción a la ciencia de las mediciones, la *metrología*. El objetivo último es que el lector pueda usar, elegir y evaluar, los instrumentos de medición que, de forma óptima, mejor se ajusten a una aplicación dada. También que el lector sea capaz de entender las especificaciones técnicas de los instrumentos y que pueda interpretar los resultados de un informe de medición o calibración. Como es complicado hacer un libro introductorio que incluya muchas magnitudes, se tratan sólo algunas de las mediciones específicas que mayormente se ocupan en la industria tales como dimensional, eléctrica y masa.

En el capítulo 1 se presenta la historia y el rol de las unidades de medida en las diferentes sociedades humanas a través del tiempo. Se describe el surgimiento del Sistema Internacional de Unidades y sus siete unidades base, su relación con otras unidades derivadas de ellas. Se promueve el uso correcto del vocabulario de metrología y las reglas de escritura en el Sistema Internacional.

En el capítulo 2, de Metrología Legal, se dan a conocer las normas y leyes que rigen a las mediciones en México y se presentan varias organizaciones, nacionales e internacionales, que se involucran en la metrología y sus roles en la construcción de la llamada cadena de trazabilidad.

El capítulo 3 está dedicado a la Incertidumbre de la Medición, abarca desde su definición e importancia hasta su estimación numérica la cual involucra un procedimiento estandarizado de ocho pasos, basado en la Guía Internacional de Estimación de Incertidumbres en las Mediciones, GUM.

La Metrología Dimensional, en el capítulo 4, es de gran importancia ya es una de las magnitudes que más ampliamente se usa, sobre todo en las industrias metalmecánica y de manufactura. Su importancia es fundamental para la calidad de los productos. Se puntualizan las especificaciones de producto y proceso en el diseño y en la verificación de su fabricación. Se presentan los temas de tolerancia y ajustes para tomar en cuenta en las especificaciones y sus características se describen brevemente. Se muestran los instrumentos básicos de medición dimensional y se da una descripción breve de los instrumentos modernos.

En la Metrología Eléctrica, capítulo 5, se da un especial énfasis al entendimiento y uso de las especificaciones de los instrumentos para seleccionar los óptimos para una necesidad de medición dada. Se sugieren buenas prácticas de medición usando multímetros, que minimizan errores de medición y que proveen seguridad en el uso.

En la Metrología de Masa, capítulo 6, se presentan los diferentes conceptos y las clasificaciones de pesas e instrumentos para pesar. Se describen procedimientos generales para la calibración de instrumentos para pesar.

Se espera que el contenido de este libro sea de utilidad a laboratoristas, analistas, metrólogos, profesores de escuelas técnicas, estudiantes universitarios y aquellos interesados en la venta o mercadeo de instrumentos de medición.

# TABLA DE CONTENIDO

Prefacio .................................................................................................. 5
1. Introducción a la metrología ........................................................ 11
   1.1 Historia de la Metrología ........................................................... 11
   1.2 Historia de la Metrología en México ........................................ 13
   1.3 Importancia de la metrología en el laboratorio y en la industria. ............ 16
   1.4 Sistema internacional de unidades ........................................... 25
   1.5 Reglas de escritura .................................................................... 30
   1.6 Conceptos y vocabulario de términos técnicos de metrología. ............ 37
   1.7 Conversiones entre unidades ................................................... 48
   Problemas y Ejercicios del capítulo ................................................ 49
   Dónde aprender más ...................................................................... 51

2. Metrología legal ............................................................................. 53
   2.1 Los laboratorios Acreditados .................................................... 55
   2.2 La norma 17025 ......................................................................... 55
   2.3 Ensayos de aptitud .................................................................... 58
   2.4 Organización de la infraestructura internacional en Metrología ............ 60
   2.5 Institutos Nacionales de Metrología ......................................... 61
   Problemas y ejercicios del capítulo ................................................ 63
   Dónde aprender más ...................................................................... 63

3. Incertidumbre de medición .......................................................... 67
   3.1 Procedimiento para la evaluación y expresión de la incertidumbre ......... 73
   Ejemplo de aplicación .................................................................... 84

Problemas y ejercicios del capítulo ............... 87
Dónde aprender más ............... 89

4. Metrología dimensional ............... 91
   4.1 Las especificaciones del producto ............... 93
   4.2 Especificaciones de diseño ............... 94
   4.3 Tolerancias dimensionales ............... 97
   4.4 Ajustes ............... 102
   4.5 Tolerancias geométricas ............... 108
   4.6 Instrumentos dimensionales tradicionales ............... 115
   4.7 Reglas ............... 116
   4.8 Calibrador ............... 118
   4.9 Micrómetro ............... 124
   4.10 Otros instrumentos de medición dimensional ............... 127
   4.11 Instrumentos de Medición Modernos ............... 134
   Ejercicios y problemas del capítulo ............... 136
   Dónde aprender más ............... 137

5. Mediciones eléctricas ............... 138
   5.1 El multímetro ............... 139
   5.2 Especificaciones de multímetros ............... 142
   5.3 Mediciones eléctricas con multímetro ............... 146
   5.4 El osciloscopio ............... 153
   5.5 Uso del Osciloscopio ............... 156
   5.6 Toma de mediciones ............... 157
   Ejercicios y problemas del capítulo ............... 158
   Dónde aprender más ............... 159

6.    Metrología de masa ............... 162
   6.1 Técnicas de medición de masa ............... 163
   6.2 Instrumentos para pesar ............... 164
   6.3 Pesas ............... 168
   Ejercicios y problemas del capítulo ............... 172
   Dónde aprender más ............... 172

## METROLOGÍA

Índice ................................................................................................ 174
COMENTA y sugiere ........................................................................ 180
   Acerca del autor ............................................................................ 181
   Otros libros del mismo autor........................................................ 182

Víctor Martínez Fuentes

# 1. INTRODUCCIÓN A LA METROLOGÍA

La palabra *Metrología* está formada por las raíces griegas *metrón* (que significa medida) y *logos* (de estudio o tratado), más el sufijo *–ia* (de acción o cualidad) que junto expresa "ciencia de las mediciones".

## 1.1 HISTORIA DE LA METROLOGÍA

Se tiene conocimiento de que las primeras unidades de medida fueron de tipo antropomórfico, o sea que estaban relacionadas con el tamaño o longitud de alguna parte del cuerpo humano, como el pulgar, la palma de la mano, la longitud del brazo, el pie, etc. Esta era una forma fácil y sencilla de llegar a un arreglo entre las personas que realizaban algún intercambio de productos o servicios.

Con el tiempo se llegó a la conclusión de que este tipo de unidades de medida antropomórficas era muy variable y se requería consolidarlas mediante unidades realizadas con patrones de medida materializados, en artefactos, como una barra, un recipiente, o un objeto determinado; que se mantuvieran como elementos de referencia, para cuando se diera el caso, revelar cualquier discrepancia. Incluso, en algunas regiones estos patrones de medida se consideraban tesoros públicos. Los prototipos materiales o artefactos se fueron perfeccionando cada vez más, buscando dar una medida estable con el tiempo y reproducible en diferentes condiciones.

Fue hacia finales del siglo XVIII en la Europa renacentista que la Academia Francesa de Ciencias empezó a estudiar y proponer un sistema único de pesas y medidas para reemplazar todos los sistemas monárquicos existentes en esos tiempos. Los científicos encargados establecieron un primer principio: el sistema universal de pesas y medidas no debería depender de patrones de medida antropomórficos, sino que deberían fundamentarse en medidas permanentes, proveídas por la naturaleza.

Se eligió al metro como unidad de longitud, que se definió como la diezmillonésima parte de la distancia desde el polo al ecuador a lo largo del meridiano que pasa a través de París. La unidad de masa, el gramo, se seleccionó como la masa de un centímetro cúbico de agua destilada a 4 °C, a la presión atmosférica normal de 101 325 Pa. Se decidió emplear el segundo tradicional definiéndolo como 1/86 400 del día solar medio como unidad de tiempo.

Con un principio adicional se decidió que todas las demás unidades se deberían derivar de las tres unidades fundamentales: longitud, masa y tiempo. Un tercer principio estableció un sistema decimal con múltiplos y submúltiplos de las unidades básicas con uso de prefijos para denotarlos. Las propuestas de la Academia Francesa fueron aprobadas e introducidas como el Sistema Métrico de Unidades de Francia en 1795.

El sistema métrico despertó un gran interés en varias partes del mundo; y en 1875, 17 países firmaron la *Convención del Metro*, adoptando legalmente el Sistema Métrico de Unidades.

En el siglo XIX, con el desarrollo de la industria electrotécnica se elaboró la unificación internacional de las unidades eléctricas: el ohm, el volt y el ampere.

Ya a mediados del siglo pasado, la Décima Conferencia General de Pesas y Medidas adoptó como unidades fundamentales: el metro, el kilogramo, el segundo, el ampere, el kelvin y la candela. Finalmente, fue en 1960 que la Décimo Primera Conferencia General de Pesas y Medidas creó, con su famosa resolución 12, el Sistema Internacional de Unidades (SI), basado en las seis unidades fundamentales antes mencionadas, y posteriormente se agregó una séptima: el mol. Más adelante, en el libro, se describen con mayor detalle estas unidades y las magnitudes a las que pertenecen.

## 1.2 HISTORIA DE LA METROLOGÍA EN MÉXICO

El México prehispánico tiene una historia muy variada y amplia en cuanto a civilizaciones, culturas y pueblos. Las medidas más usadas en esos tiempos estuvieron, en su mayoría, basadas en las proporciones del cuerpo humano (antropomórficas). También existían medidas determinadas por el número de unidades. La más común era aquella que consideraba unidades numéricas vigesimales, así, la veintena era una unidad de medida, un tipo de sistema métrico.

Los mexicas, alrededor de 1325 fundaron la gran Tenochtitlán. Ellos, además de su actividad guerrera, desarrollaban diversas actividades en los campos del conocimiento, la construcción, la manufactura, el comercio mercantil y la producción agrícola. Esto hace pensar que había la necesidad del uso de medidas para la construcción de los templos y palacios, la determinación de los tributos, la delimitación de sus tierras, la medición de los objetos sujetos a transacción comercial y el registro del tiempo.

En el campo mercantil, las mercancías se vendían y se intercambiaban por número y medida. Para medición de sus tierras, casas, templos y pirámides la medida que se utilizaba en aquel entonces era el octacatl o "vara de medir" que correspondía exactamente a tres varas de Burgos, que en nuestras unidades esta octacatl es igual a 2.514 m. El maíz o el cacao servía de moneda de intercambio para las cosas menores.

Una vez consumada la conquista española se ordenó que en cada villa hubiera una persona encargada de la legalidad y exactitud, llamada fiel, que era designado y elegido por los alcaldes y regidores cada año y que tenía la obligación de conservar en su casa pesas y medidas desde la arroba hasta el cuartillo y medio cuartillo, medidas españolas; los cuales servían como patrones de verificación.

El sistema de pesas y medidas en la época colonial estuvo fundamentado en tres unidades básicas: la vara castellana, en longitud; la libra castellana en peso y el tiempo en segundos. De estas unidades se derivaban las demás, múltiplos y submúltiplos, cuya variación no era decimal, por ejemplo: la vara se dividía en tres pies, el pie en doce pulgadas, la pulgada en doce líneas y la línea en doce puntos; la legua, único múltiplo, equivalía a 5 000 varas. Las superficies se valoraban en varas cuadradas y los volúmenes en varas cúbicas. La vara castellana también se conocía como vara de Burgos que después se transformó en la vara mexicana y entre ellas había algunas diferencias.

En la época del México independiente, la autonomía política no trajo de inmediato cambios radicales ya que muchas instituciones coloniales permanecieron y tuvieron vigencia hasta que gradualmente se fueron substituyendo por otras. El decreto que establece el uso del Sistema Métrico Decimal Francés de Ignacio Comonfort apareció en 1857, siguiendo en su turno los decretos de Benito Juárez, los de Maximiliano de Habsburgo y otros gobernantes hasta la Ley de 1895 de Porfirio Díaz. México atravesaba por épocas difíciles, de invasiones, insurrecciones y gobiernos inestables y repentinos que lo mantenían en condiciones poco aptas para la adopción integral de un nuevo sistema de medición en materia de pesas y medidas, por lo que se establecían decretos que confirmaban y después aplazaban la obligación en el uso del Sistema Métrico.

# METROLOGÍA

En la época pos-revolucionaria se adquirieron equipos e instrumentos de medición que formaron parte del Laboratorio de Metrología instalado en el edificio del Departamento de Pesas y Medidas en la Ciudad de México. El aspecto legal en pesas y medidas era mucha importancia, pero en el caso de la metrología científica no se contaba aún con la infraestructura necesaria para su desarrollo nacional.

En los años 80's del siglo pasado, la apertura de las fronteras al libre comercio de mercancías más la necesidad de incursionar en mercados extranjeros, acentuó la importancia de la metrología como una herramienta tecnológica para mejora de la producción y la competitividad de los productos en mercados internos y externos. Con la adhesión de México al GATT y con la firma de Tratados de Libre Comercio con diversos países hubo un fuerte impulso a la metrología a nivel nacional. Se creó la Ley Federal sobre Metrología y Normalización (LFMN) en julio de 1992 con modificaciones en 1996 y 1997. Se creó el Sistema Nacional de Calibración que apoyo la creación del Centro Nacional de Metrología (CENAM), laboratorio primario, que inicio operaciones el 29 de abril de 1994. El CENAM es el laboratorio primario mexicano que custodia y mantiene los patrones nacionales de medición.

El desarrollo de la Metrología en México está alineada a los acuerdos internacionales de libre comercio con el fin de superar obstáculos técnicos al intercambio comercial. Como consecuencia, las normas y los procedimientos de acreditación de la conformidad de mediciones en productos y procesos que son desempeñados por personas físicas y morales en nuestro país están armonizados con los lineamientos internacionales existentes.

Hoy en día, toda la metrología nos sirve para promover la uniformidad de las mediciones, para fortalecer la competitividad de la industria, la equidad en las transacciones comerciales, la salud, la protección al ambiente y la investigación científica.

Para más información sobre la historia de la metrología consulta las referencias al final de este capítulo.

## 1.3 IMPORTANCIA DE LA METROLOGÍA EN EL LABORATORIO Y EN LA INDUSTRIA.

Las mediciones juegan un importante papel en la vida diaria de las personas. Se encuentran inmersas en diferentes actividades, desde la estimación de una distancia a simple vista, hasta en un proceso de control industrial o en la investigación científica.

En la vida actual, es prácticamente imposible describir cualquier cosa sin referirse a las mediciones; tallas de ropa; porcentaje de alcohol en una bebida; peso al nacer; temperatura ambiental; volumen de gasolina; presión de neumáticos; miligramos en un fármaco; mediciones de muestras de sangre; y el láser de cirugía que debe ser preciso si no se quiere poner en riesgo la salud del paciente, etc. El comercio, el mercado y las leyes que los regulan dependen de la metrología y del empleo de unidades comunes, como las definidas en el Sistema Internacional de Unidades (SI).

Para su estudio, podemos dividir a la Metrología en tres: Científica, Industrial y Legal.
1. La Metrología Científica se encarga de definir las unidades de medición y de su realización y mantenimiento en el más alto nivel de exactitud.
2. La Metrología Industrial trata de asegurar el desempeño adecuado de los instrumentos de medición usados en la industria, en procesos de producción y prueba para asegurar la calidad.
3. La Metrología Legal se encarga del establecimiento de cadenas de trazabilidad. Influye en la transparencia de las transacciones económicas, particularmente donde hay un requerimiento para la verificación de los instrumentos de medición.

La Metrología es una ciencia entre las más antiguas del mundo y su aplicación es fundamental en la práctica de todas las áreas científicas ya que la medición permite conocer de forma cuantitativa, las propiedades físicas y químicas de los objetos. Se observa que el progreso en la ciencia siempre ha estado acompañado a los avances en la capacidad de medición. La disponibilidad de equipos de medición y la habilidad de usarlos efectivamente son esenciales si el investigador quiere tener la capacidad de registrar objetivamente los resultados que logra. Se sabe que los astrónomos miden la luz atenuada de estrellas distantes para determinar su edad, un geólogo mide ondas de impacto de las gigantescas fuerzas detrás de los terremotos, un agrónomo mide el pH de la tierra de cultivo para conocer su acidez, etc.

**Campos de estudio de la Metrología Científica**

La Metrología Científica está dividida en 9 campos técnicos según el Buró Internacional de Pesas y Medidas, BIPM y se muestran en tabla 1. Esta clasificación facilita el estudio de las diferentes magnitudes y la integración de comités de expertos internacionales que trabajan en su desarrollo.

Tabla 1. Campos y subcampos de la Metrología según el BIPM

| Campo | Subcampo | Patrones de medición importantes |
|---|---|---|
| Masa y magnitudes relacionadas | Medición de masa | Patrones de masa, balanzas patrón, comparadores de masas |
| | Fuerza y presión | Celdas de carga, medidores de pesos muertos, convertidores de fuerza, momento y torque, balanzas de presión con pistones lubricados en aceite/gas, máquinas de ensayos de fuerza, manómetros de capacitancia, medidores de ionización. |
| | Volumen y densidad. Viscosidad | Aerómetros de vidrio, recipientes de vidrio de laboratorio, viscosímetros de vidrio capilar, viscosímetros de rotación, |
| Electricidad y Magnetismo | Electricidad en c. d. | Comparadores de corriente criogénico, Efecto Hall y efecto Josephson, referencias diodo Zener, métodos potenciométricos, puentes comparadores. |
| | Electricidad en c. a. | Convertidores AC/DC, capacitores patrón, capacitores de aire, inductancias patrón, compensadores, wattímetros. |
| | Electricidad de | Convertidores térmicos, calorímetros bolómetros. |

| | | |
|---|---|---|
| Longitud | Alta Frecuencia | |
| | Alta corriente y alta tensión | Transformadores de medición de corriente y tensión, fuentes de referencia de alta tensión. |
| | Longitudes de onda e interferometría | Láseres estabilizados, interferómetros, sistemas de medición de láser interferométrico, comparaciones interferométricas. |
| | Metrología dimensional | Bloques patrón, escalas lineales, galgas de paso, medidores de aguja, microscopios de medición, patones planos ópticos, máquinas de medición por coordenadas, micrómetros de barrido láser, micrómetros de profundidad, herramientas de medición de longitud geodésica. |
| | Mediciones angulares | Autocolimadores, mesas rotatorias, galgas de ángulo, polígonos, niveles. |
| | Forma | Rectitud, planicidad, paralelismo, patrones de redondez, cilindros patrón. |
| | Calidad de superficie | Patrones de surco y de altura de escalón, patrones de rugosidad, equipo de medición de rugosidad. |
| Tiempo y Frecuencia | Mediciones de tiempo | Reloj atómico de cesio, equipo de intervalo de tiempo. |
| | Frecuencia | Fuente y reloj atómico, osciladores de cuarzo, láseres, contadores electrónicos y sintetizadores, peines ópticos. |
| Termometría | Medición de temperatura por contacto | Termómetros de gas, puntos fijos de la EIT-90, termómetros de resistencia, termopares. |
| | Medición de temperatura por no-contacto | Cuerpos negros de alta temperatura, radiómetro criogénico, pirómetros, fotodiodos de Si. |
| | Humedad | Medidores de punto de rocío por espejo enfriado, higrómetros electrónicos, generadores de humedad de doble presión/temperatura. |
| Radiaciones ionizantes | Productos médicos-dosis absorbida | Calorímetros, cámaras de ionización |
| | Protección de radiación | Cámaras de ionización, campos/haces de radiación de referencia, contadores proporcionales, espectrómetros de neutrón Bonner |
| | Radioactividad | Cámaras ionizantes del tipo pozo, fuentes de radioactividad certificadas, espectroscopia de alfa y gama, detectores $4\pi$ |

## METROLOGÍA

| | | | |
|---|---|---|---|
| **Fotometría y radiometría** | | Radiometría óptica | Radiómetro criogénico, detectores ópticos, fuentes de referencia de laser estabilizado, materiales de referencia. |
| | | Fotometría | Detectores en región visible, fotodiodos de Si, detectores de eficiencia cuántica. |
| | | Colorimetría | Espectrofotómetro |
| | | Fibras ópticas | Materiales de referencia |
| **Flujo** | | Flujo de gas (volumen) | Probadores de campana, medidores de gas rotatorios, medidores de turbina de gas, medidores de trasferencia con toberas críticas. |
| | | Flujo de líquidos (volumen, masa y energía) | Patrones volumétricos, patrones Coriolis relacionados a masa, medidores de nivel, medidores de flujo inductivo, medidores de flujo ultrasónico. |
| | | Anemometría | Anemómetros. |
| **Acústica, ultrasonido y vibración** | | Mediciones acústicas en gases | Micrófonos patrón, generador de pistón, micrófonos de condensador, calibradores de sonido. |
| | | Acelerometría | Acelerómetros, transductores de fuerza, vibradores, interferómetro láser. |
| | | Mediciones acústicas en líquidos | Hidrófonos |
| | | Ultrasonido | Medidores de potencia ultrasónica, balanza de fuerza de radiación. |
| **Química** | | Química ambiental. Química clínica | Materiales de referencia certificados, espectrómetros de masa, cromatógrafos, patrones gravimétricos. |
| | | Química de Materiales | Materiales puros, materiales de referencia certificados |
| | | Química de alimentos, Bioquímica, Microbiología | Materiales de referencia certificados |
| | | Mediciones de pH | Materiales de referencia certificados, electrodos patrón. |

**Metrología legal**

En el comercio, las transacciones y las regulaciones son dependientes de pesos y medidas. Las compañías compran materias primas por peso y dimensiones y especifican sus productos usando las mismas magnitudes. Los procesos industriales están regulados y las alarmas ajustadas debido a las mediciones en ellos. Las buenas mediciones pueden incrementar significativamente el valor, la efectividad y la calidad de un producto. En las industrias modernas los costos de realizar mediciones constituyen un 10-15 % de los costos de producción.

La confianza en el cumplimiento de la conformidad en productos, procesos y servicios es vital para establecer lazos de la Metrología con otras actividades humanas sin importar límites geográficos o profesionales. Esta confianza se realza con el uso de redes de cooperación, unidades y métodos de medición comunes, y reconocimiento y acreditación de patrones de medición y laboratorios de diferentes países.

Las actividades metrológicas como calibración, ensayo y mediciones son componentes valiosos para asegurar la calidad de muchas actividades y procesos industriales y actividades relacionadas con la calidad de vida. Esto incluye el demostrar la trazabilidad de las mediciones hacia patrones nacionales y evaluar el desempeño de los laboratorios de calibración o ensayo a través de pruebas de aptitud. Existen diferentes acuerdos de reconocimiento mutuo entre países y regiones, así como revisión por pares que reconocen la competencia metrológica en cada nivel de la cadena de trazabilidad (ver más adelante el significado).

### Niveles de patrones de medición

Existen varios tipos de patrones de medida, que principalmente se clasifican por su exactitud dentro de la llamada cadena de trazabilidad. Hay diferentes niveles de patrones de medición tal como se muestra en la figura 1. A continuación, se dan varias definiciones.

### Patrón de medición

Un patrón de medición es una medida material, instrumento de medida, material de referencia o sistema de medición pretendido para definir, realizar, conservar o reproducir una unidad o uno o más valores de una magnitud para servir como referencia.

### Patrón de trabajo.

Patrón de medición que es usado rutinariamente para calibrar o verificar instrumentos de medición o sistemas de medición.

### Patrón de referencia.

Patrón de medición designado para la calibración de otros patrones de medición para magnitudes de una clase establecida en una organización o en una localidad dada.

### Patrón primario de medición.

Un patrón primario de medición cuyo valor de referencia se establece usando un procedimiento de medición primario o creado como un artefacto, seleccionado por convención. Un patrón que es designado o ampliamente reconocido como que tiene las más altas calidades metrológicas y cuyos resultados de medición se determinaron sin referencia a otro patrón de la misma magnitud en el mismo alcance de medición.

### Patrones nacionales de medición.

Patrón de medición reconocido por una autoridad nacional para servir en un país o economía como la base de valores de magnitud asignados.

### Materiales de referencia certificados

Un material de referencia certificado (CRM) es un material de referencia, donde uno o más de sus valores de propiedades están certificados por un procedimiento que establece trazabilidad a la realización de la unidad, en la cual se expresan los valores de la propiedad. Cada valor certificado se acompaña por una incertidumbre establecida a un nivel de confianza. Los CRMs generalmente se preparan en lotes. Los valores de la propiedad se determinaron dentro de los límites de la incertidumbre declarada por mediciones en muestras representativas del lote completo.

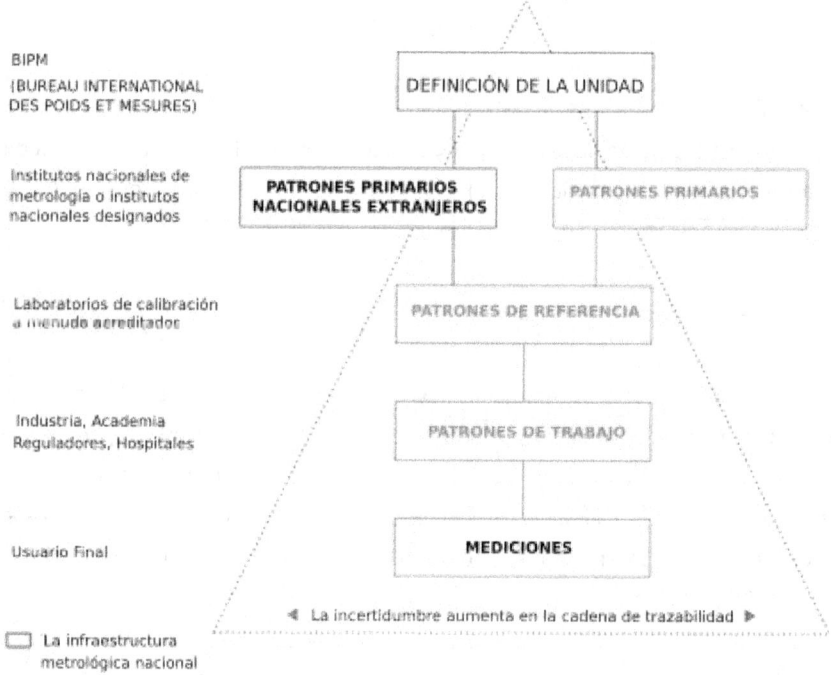

Figura 1. Niveles de los patrones de medición

**Metrología en Química**

La metrología en general se ha desarrollado a partir de las mediciones físicas y enfatiza resultados trazables a patrones de referencia definidos, normalmente en el Sistema Internacional de Unidades, SI, con presupuestos de incertidumbres completamente analizados. La situación con respecto a las mediciones químicas es más compleja ya que frecuentemente las mediciones químicas no toman lugar bajo tales condiciones controladas y definidas.

# METROLOGÍA

Muchas mediciones químicas son trazables a patrones o métodos de referencia. En otras instancias las mediciones pueden considerarse ser trazables a un material de referencia (certificado), en la forma de una sustancia pura o de una matriz de material de referencia, en la cual la concentración del analito ha sido certificada. El grado al cual los materiales de referencia proporcionan una referencia universal (y específicamente trazable al SI) depende de la calidad del enlace a valores obtenidos por las mediciones de referencia o vía enlace a valores llevados a cabo por patrones de referencia.

**Sistemas de calidad y aseguramiento de mediciones**

Calidad es satisfacer las necesidades establecidas o implícitas en un producto o servicio. Para lograr o alcanzar la calidad en ese producto o servicio se hace necesaria la verificación como parte del proceso. Para esta etapa, la medición es parte integral del proceso de calidad. Ver figura 2.

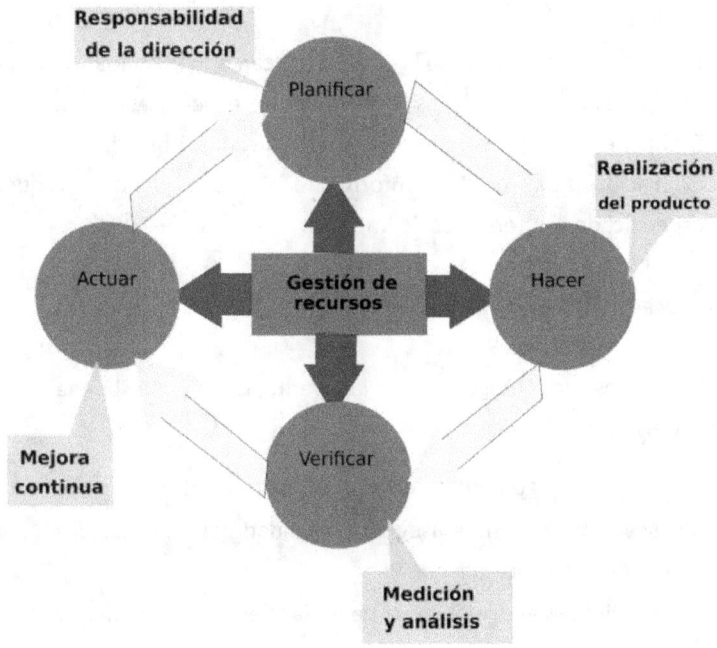

Figura 2. Ciclo de calidad. La Metrología entra en el proceso de verificar.

Las mediciones proporcionan una base objetiva para la toma de decisiones, quizás cuando se evalúa si un producto es conforme a requerimientos establecido o si un conjunto de mediciones difiere significativamente de otro.

Pasos esenciales en la evaluación de la conformidad:

a) Define la entidad y sus características de calidad a ser evaluadas en conformidad con un requerimiento específico.
b) Establece especificaciones correspondientes sobre los métodos de medición y sus características de calidad (tales como incertidumbre máxima permisible y capacidad mínima de medición) requerida por la evaluación de la entidad en mano.
c) Genera resultados de prueba desarrollando mediciones de las características de calidad junto con expresiones de incertidumbre de medición.
d) Decide si los resultados de la prueba indican que la entidad y las mediciones mismas están dentro de los requerimientos especificados o no.
e) Evalúa riesgos de decisiones incorrectas de conformidad.
f) Evaluación final de la conformidad de la entidad a requerimientos especificados en términos de impacto.

**¿Qué sucede cuando medimos bien?**

Muchas veces nos preguntamos las ventajas de una buena medición. A continuación, algunas de ellas:

- Medir bien aumenta la confianza de los clientes
- Medir bien permite asegurar la calidad del producto disminuyendo los costos de la no-calidad.
- Medir bien apoya objetivamente las decisiones de mejora
- Medir bien, aumenta la eficiencia en el uso de recursos.

- Medir bien, facilita la comparación en caso de controversia.

## 1.4 SISTEMA INTERNACIONAL DE UNIDADES

Sistema de unidades basado en el Sistema Internacional de Magnitudes, con nombres y símbolos de las unidades, y con una serie de prefijos con sus nombres y símbolos, así como reglas para su utilización, adoptado por la Conferencia General de Pesas y Medidas (CGPM)

Las siguientes son definiciones tomadas de la norma oficial mexicana NOM-008-SCFI-2002, Sistema General de Unidades de Medida y NMX-Z-055-1997: IMNC Metrología-Vocabulario de términos fundamentales generales. Se recomienda su uso directo para mayor precisión.

**Magnitud**
Atributo de un fenómeno, cuerpo o sustancia que es susceptible a ser distinguido cualitativamente y determinado cuantitativamente. Como ejemplo, la temperatura, densidad, masa, color, frecuencia, etc.

**Sistema coherente de unidades (de medida)**
Sistema de unidades compuesto por un conjunto de unidades de base y de unidades derivadas compatibles.

**Magnitudes de base**
Son magnitudes que dentro de un "sistema de magnitudes" se aceptan por convención, como independientes unas de otras.

**Sistema Internacional de Unidades (SI)**

Sistema coherente de unidades adoptado por la Conferencia General de Pesas y Medidas (CGPM).

Este sistema está compuesto por:
- unidades SI de base;
- unidades SI derivadas

**Unidades SI de base**

Unidades de medida de las magnitudes de base del Sistema Internacional de Unidades.

Las unidades de base del SI son 7, correspondiendo a las siguientes magnitudes: longitud, masa, tiempo, intensidad de corriente eléctrica, temperatura termodinámica, intensidad luminosa y cantidad de sustancia. Los nombres de las unidades son respectivamente: metro, kilogramo, segundo, ampere, kelvin, candela y mol. Las magnitudes, unidades, símbolos y definiciones se describen en la Tabla 2.

Tabla 2. Unidades base del SI

| Magnitud | Unidad | Símbolo | Definición |
|---|---|---|---|
| longitud | metro | m | Es la longitud de la trayectoria recorrida por la luz en el vacío durante un intervalo de tiempo de 1/299 792 458 de segundo. |
| masa | kilogramo | kg | Es la masa igual a la del prototipo internacional del kilogramo |
| tiempo | segundo | s | Es la duración de 9 192 631 770 periodos de la radiación correspondiente a la transición entre los dos niveles hiperfinos del estado fundamental del átomo de cesio 133 |
| corriente eléctrica | ampere | A | Es la intensidad de una corriente constante que, mantenida en dos conductores paralelos rectilíneos de longitud infinita, cuya área de sección circular es despreciable, colocados a un metro de distancia entre sí, en el vacío, producirá entre estos conductores una fuerza igual a $2 \times 10^{-7}$ newton por metro de longitud. |
| Temperatura termodinámica | kelvin | K | Es la fracción 1/273.16 de la temperatura termodinámica del punto triple del agua. |

# METROLOGÍA

| | | | |
|---|---|---|---|
| Cantidad de sustancia | mol | mol | Es la cantidad de sustancia que contiene tantas entidades elementales como existan átomos en 0.012 kg de carbono 12. |
| Intensidad luminosa | candela | cd | Es la intensidad luminosa en una dirección dada de una fuente que emite una radiación monocromática de frecuencia 540 x$10^{12}$ hertz y cuya intensidad energética en esa dirección es 1/683 watt por esterradián. |

**Unidades SI derivadas**

Son unidades que se forman combinando entre sí las unidades de base, o bien, combinando éstas con las unidades derivadas, según expresiones algebraicas que relacionan las magnitudes correspondientes de acuerdo con leyes simples de la física.

Estas unidades se obtienen a partir de las unidades de base, se expresan utilizando los símbolos matemáticos de multiplicación y división. Se pueden distinguir tres clases de unidades: la primera, la forman aquellas unidades SI derivadas expresadas a partir de unidades de base; la segunda la forman las unidades SI derivadas que reciben un nombre especial y símbolo particular, la relación completa se cita en la Tabla 3; la tercera la forman las unidades SI derivadas expresadas con nombres especiales.

Tabla 3. Unidades derivadas con nombres especiales y símbolos particulares.

| Magnitud | Nombre de la unidad SI derivada | Símbolo | Expresión en unidades SI de base | Expresión en otras unidades SI |
|---|---|---|---|---|
| Frecuencia | hertz | Hz | $s^{-1}$ | |
| Fuerza | newton | N | $m\,kg\,s^{-2}$ | |
| Presión, tensión mecánica | pascal | Pa | $m^{-1}kg\,s^{-2}$ | $N/m^2$ |
| Trabajo, energía, cantidad de calor | joule | J | $m^2\,kg\,s^{-2}$ | $N\cdot m$ |

| Potencia, flujo energético | watt | W | $m^2\ kg\ s^{-3}$ | J/s |
|---|---|---|---|---|
| Carga eléctrica, cantidad de electricidad | coulomb | C | s A | |
| Diferencia de potencial, tensión eléctrica, potencial eléctrico, fuerza electromotriz | volt | V | $m^2\ kg\ s^{-3}\ A^{-1}$ | W/A |
| Capacitancia | farad | F | $m^{-2}\ kg^{-1}\ s^3\ A^2$ | C/V |
| Resistencia eléctrica | ohm | Ω | $m^2\ kg\ s^{-3}\ A^{-2}$ | V/A |
| Conductancia eléctrica | siemens | S | $m^{-2}\ kg^{-1}\ s^3\ A^2$ | A/V |
| Flujo magnético | weber | Wb | $m^2\ kg\ s^{-2}\ A^{-1}$ | V·s |
| Inducción magnética | tesla | T | $Kg\ s^{-2}\ A^{-1}$ | $Wb/m^2$ |
| Inductancia | henry | H | $m^2\ kg·s^{-2}\ A^{-2}$ | Wb/A |
| Flujo luminoso | lumen | lm | cd sr | |
| luminosidad | lux | lx | $m^{-2}$ cd sr | $lm/m^2$ |
| Actividad nuclear | becquerel | Bq | $s^{-1}$ | |
| Dosis absorbida | gray | Gy | $m^2\ s^{-2}$ | J/kg |
| Temperatura Celsius | grado Celsius | °C | | K |
| Dosis equivalente | sievert | Sv | $m^2\ s^{-2}$ | J/kg |

Tabla 4. Nombres de las magnitudes, símbolos y definiciones de las unidades SI derivadas

| Magnitud | Unidad | Símbolo | Definición |
|---|---|---|---|
| Ángulo plano | Radián | rad | Es el ángulo plano comprendido entre dos radios de un círculo, y que interceptan sobre la circunferencia de este círculo un arco de longitud igual a la del radio. |

## METROLOGÍA

| Ángulo sólido | esterradián | sr | Es el ángulo sólido que tiene su vértice en el centro de una esfera y, que intercepta sobre la superficie de esta esfera un área igual a la de un cuadrado que tiene por lado el radio de la esfera |
|---|---|---|---|

Existen algunas unidades que no pertenecen al SI, por ser de uso común, la CGPM las ha clasificado en tres categorías:
- unidades que se conservan para usarse con el SI;
- unidades que pueden usarse temporalmente con el SI.
- unidades que no deben utilizarse con el SI.

**Unidades que se conservan para usarse con el SI**

Son unidades de amplio uso, por lo que se considera apropiado conservarlas; sin embargo, se recomienda no combinarlas con las unidades del SI para no perder las ventajas de la coherencia, la relación de estas unidades se establece en la Tabla 5.

Tabla 5. Unidades que no son del SI pero que se conservan

| Magnitud | Unidad | Símbolo | Equivalente |
|---|---|---|---|
| tiempo | minuto | min | 1 min = 60 s |
|  | hora | h | 1 h = 60 min = 3600 s |
|  | día | d | 1 d = 24 h = 86 400 s |
|  | año | a | 1 a = 365.242 20 d = 31 556 926 s |
| ángulo | grado | ° | 1° = ($\pi$/180) rad |
|  | minuto | ' | 1' = ($\pi$/10 800) rad |
|  | segundo | " | 1" = ($\pi$/648 000) rad |
| volumen | litro | l, L | 1 L = $10^{-3}$ m$^3$ |
| masa | tonelada | t | 1 t = $10^3$ kg |
| Trabajo, energía | electronvolt | eV | 1 eV = 1.602 177 x $10^{-12}$ J |
| Masa | unidad de masa atómica | u | 1 u = 1.660 540 x $10^{-27}$ kg |

**Múltiplos y submúltiplos**

La Tabla 6 contiene la relación de los nombres y los símbolos de los prefijos para formar los múltiplos y submúltiplos decimales de las unidades, cubriendo un intervalo que va desde $10^{-24}$ a $10^{24}$.

Tabla 6. Prefijos de múltiplos y submúltiplos del SI

| Prefijos | | |
|---|---|---|
| Símbolo | prefijo | Forma exponencial |
| y | yocto- | $10^{-24}$ |
| z | zepto- | $10^{-21}$ |
| a | atto- | $10^{-18}$ |
| f | femto- | $10^{-15}$ |
| p | pico- | $10^{-12}$ |
| n | nano- | $10^{-9}$ |
| µ | micro- | $10^{-6}$ |
| m | mili- | $10^{-3}$ |
| (ninguno) | (ninguno) | $10^{0}$ |
| k | kilo- | $10^{3}$ |
| M | mega- | $10^{6}$ |
| G | giga- | $10^{9}$ |
| T | tera- | $10^{12}$ |
| P | peta- | $10^{15}$ |
| E | exa- | $10^{18}$ |
| Z | zetta- | $10^{21}$ |
| Y | yotta- | $10^{24}$ |

# 1.5 REGLAS DE ESCRITURA

# METROLOGÍA

## REGLAS DE ESCRITURA DEL SISTEMA INTERNACIONAL

El sistema internacional de unidades (SI) tiene sus propias reglas de escritura que permite una comunicación unívoca.

**Reglas**

A continuación, se presentan algunas de esas reglas:

### Regla 1

El uso de unidades que no pertenecen al SI debe limitarse a aquellas que han sido aprobadas por la Conferencia General de Pesas y Medidas.

### Regla 2

Los símbolos de las unidades deben escribirse en caracteres romanos rectos y no, por ejemplo, en caracteres oblicuos ni con letras cursivas.

Correcto:       m       Pa
Incorrecto:     *m*     *Pa*

### Regla 3

El símbolo de las unidades se inicia con minúscula a excepción hecha de las que se derivan de nombres propios. No utilizar abreviaturas.

|         | Correcto: | Incorrecto: |
|---------|-----------|-------------|
| metro   | m         | Mtr         |
| segundo | s         | Seg         |
| ampere  | A         | Amp.        |
| pascal  | Pa        | pa          |

### Regla 4

En los símbolos, la sustitución de una minúscula por una mayúscula no debe hacerse ya que puede cambiar el significado.

Correcto:              5 km para indicar 5 kilómetros
Incorrecto:            5 Km porque significa 5 kelvin metro

***Regla 5***

En la expresión de una magnitud, los símbolos de las unidades se escriben después del valor numérico completo, dejando un espacio entre el valor numérico y el símbolo. Solamente en el caso del uso de los símbolos del grado, minuto y segundo de ángulo plano, no se dejará espacio entre estos símbolos y el valor numérico.

Correcto:        253 m     5 °C
Incorrecto:      253m      5°C

***Regla 6***

Contrariamente a lo que se hace para las abreviaciones de las palabras, los símbolos de las unidades se escriben sin punto final y no deben pluralizarse para no utilizar la letra "s" que por otra parte representa al segundo. En el primer caso existe una excepción: se pondrá punto si el símbolo finaliza una frase o una oración.

Correcto:        50 mm    50 kg
Incorrecto:      50 mm.   50 kgs

***Regla 7***

Cuando la escritura del símbolo de una unidad no pareciese correcta, no debe substituirse este símbolo por sus abreviaciones aún si estas pareciesen lógicas. Se debe recordar la escritura correcta del símbolo o escribir con todas las letras el nombre de la unidad o del múltiplo a que se refiera.

Correcto:     segundo o s      ampere o A      kilogramo o kg
              litros por minuto o L/min        km/h

Incorrecto:   seg.    Amp.    Kgr
              LPM     KPH

*Regla 8*

Cuando haya confusión con el símbolo l de litro y la cifra 1, se puede escribir el símbolo L, aceptada para representar a esta unidad por la Conferencia General de Pesas y Medidas.

Correcto:     11 L
Incorrecto:   11 l (para indicar 11 litros)

*Regla 9*

Las unidades no se deben representar por sus símbolos cuando se escribe con letras su valor numérico.
Correcto:     cincuenta kilómetros
Incorrecto:   cincuenta km

*Regla 10*

El signo de multiplicación para indicar el producto de dos o más unidades debe ser de preferencia un punto. Este punto puede suprimirse cuando la falta de separación de los símbolos de las unidades que intervengan en el producto no se preste a confusión

Correcto:     N • m, N m, para designar newton metro   o

m • N, para designar metro newton

Incorrecto:   mN que se confunde con milinewton

**Regla 11**

Para no repetir el símbolo de una unidad que interviene muchas veces en un producto, se utiliza el exponente conveniente.

Correcto:     1 dm$^3$
Incorrecto:   1 dm·dm·dm

**Regla 12**

Para expresar el cociente de dos símbolos, puede usarse entre ellos una línea inclinada o una línea horizontal o bien afectar al símbolo del denominador con un exponente negativo, en cuyo caso la expresión se convierte en un producto.

Correcto: m/s
Incorrecto:   m ÷ s

**Regla 13**

En la expresión de un cociente no debe ser usada más de una línea inclinada

Correcto:     m/s$^2$     J/mol K
Incorrecto:   m/s/s     J/mol/K

**Regla 14**

En la escritura de los múltiplos y submúltiplos de las unidades, el nombre del prefijo no debe estar separado del nombre de la unidad.

Correcto: microfarad
Incorrecto: micro farad

*Regla 15*

Debe evitarse el uso de unidades de diferentes sistemas.

Correcto: kilogramo por metro cúbico
Incorrecto: kilogramo por galón

*Regla 16*

Celsius es el único nombre de unidad que se escribe siempre con mayúscula, los demás siempre deben escribirse con minúscula, exceptuando cuando sea principio de una frase.

Correcto: El newton es la unidad SI de fuerza.
El grado Celsius es una unidad de temperatura.
Pascal es el nombre dado a la unidad SI de presión
Incorrecto: el Newton es la unidad SI de fuerza
El grado celsius es la unidad de temperatura

**Otras Recomendaciones**

*Al escribir cifras numéricas.* Los números deben separarse por un pequeño espacio, en grupos de tres, a izquierda y derecha del signo decimal.

Correcto: 1 970.022 5    0.690 924
Incorrecto: 1, 970.022    0.690,924

*Al escribir o representar*:

Correcto:

20 mm x 30 mm x 40 mm
200 nm a 300 nm
0 V a 50 V
(35.4 ± 0.1) m
35.4 m ± 0.1 m
25 cm$^3$

Incorrecto:
20 x 30 x 40 mm
200 a 300 nm
0 - 50 V
35.4 ± 0.1 m
35.4 m ± 0.1
25 cc

*Reglas para escritura de fechas.* Se escriben 4 cifras para el año, dos para el mes y dos para el día, respetando el orden:

El 13 de febrero de 2017
Correcto:   2017-02-13
Incorrecto: 02-13- 2017

*Reglas para expresar horas del día*
Correcto:   20h00
            09h30
            12h40min30
Incorrecto: 8 PM
            9:30 hrs
            12 h 40' 30 "

*Reglas para castellanizar*
Correcto:
   watt
   ampere

volt
ohm
vóltmetro
ampérmetro
Incorrecto:
vatio
amperio
voltio
ohmio
voltímetro
amperímetro

# 1.6 CONCEPTOS Y VOCABULARIO DE TÉRMINOS TÉCNICOS DE METROLOGÍA.

La metrología tiene conceptos y vocabulario técnico que evitan ambigüedades en la comunicación. Los siguientes conceptos son los más comúnmente usados y provienen de las fuentes: NMX-Z-055-1997 IMNC Metrología-Vocabulario de términos fundamentales generales y del Vocabulario Internacional de Metrología, VIM. El VIM está en inglés y en español. En español existen dos versiones que se usan: la primera realizada por el CENAM y la otra por el Centro Español de Metrología, CEM. Ambas tienen ligeras diferencias entre sí.

**Trazabilidad**

Propiedad del resultado de una medición o de un patrón, tal que ésta pueda ser relacionada con referencias determinadas, generalmente patrones nacionales o internacionales, por medio de una cadena ininterrumpida de comparaciones teniendo todas incertidumbres determinadas.

Notas:
>    Este concepto se expresa frecuentemente por el adjetivo trazable.
>
>    A la cadena ininterrumpida de comparaciones se le llama cadena de trazabilidad.

En la figura 3 se muestra cómo se disemina la exactitud de la Escala de Temperatura a través de la calibración de patrones de laboratorios de calibración, los que a su vez calibran patrones de temperatura y termómetros para uso en la industria.

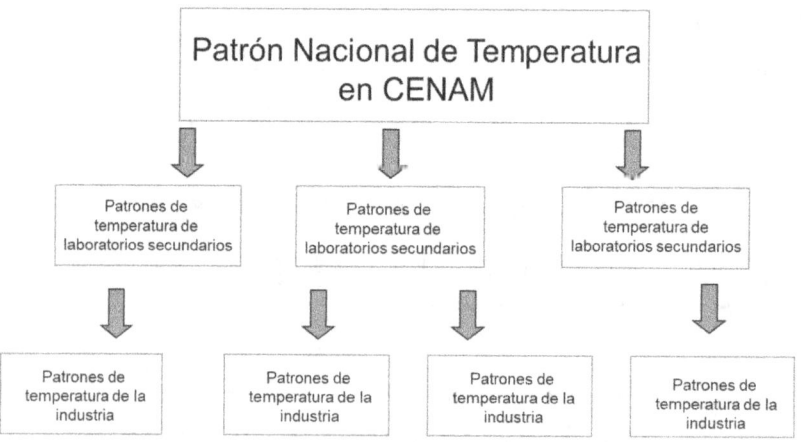

Figura 3. Diseminación de la trazabilidad en temperatura.

**Calibración**

Operación que bajo condiciones especificadas establece, en una primera etapa, una relación entre los valores y sus incertidumbres de medida asociadas obtenidas a partir de los patrones de medida, y las correspondientes indicaciones con sus incertidumbres asociadas y, en una segunda etapa, utiliza esta información para establecer una relación que permita obtener un resultado de medida a partir de una indicación

Cabe notar que una calibración puede expresarse mediante:
- una declaración,

- una función de calibración,
- un diagrama de calibración,
- una curva de calibración o
- una tabla de calibración.

En algunos casos, puede consistir en una corrección aditiva o multiplicativa de la indicación con su incertidumbre correspondiente.

No confundir la calibración con el ajuste de un sistema de medida, a menudo llamado incorrectamente "autocalibración", ni con una verificación de la calibración.

La calibración de todos los instrumentos de medición es importante, ya que provee la oportunidad de comparar el instrumento contra un patrón conocido y subsecuente conocer y reducir errores en la medida.

**Patrón de medida**

Realización de la definición de una magnitud dada, con un valor determinado y una incertidumbre de medida asociada, tomada como referencia.

**Verificación**

Aportación de evidencia objetiva de que un elemento satisface los requisitos especificados.

**Intervalo**

El término "intervalo" y el símbolo [a; b] se utilizan para representar el conjunto de los números reales x tales que $a \leq x \leq b$, donde a y b > a son números reales. El término "intervalo" es utilizado aquí para "intervalo cerrado". Los símbolos a y b indican los extremos del intervalo [a; b].

Ejemplo: Los dos puntos extremos 2 y -4 del intervalo [-4; 2] pueden venir descritos como -1 ± 3. Aunque esta última expresión no representa el intervalo [-4; 2], sin embargo, -1 ± 3 se utiliza frecuentemente para designar dicho intervalo.

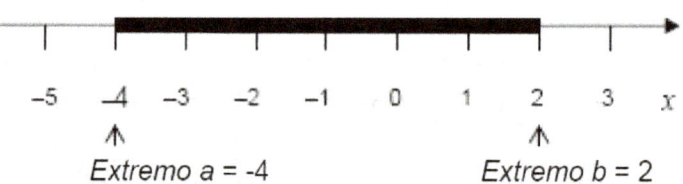

**Amplitud del intervalo o Alcance**

La amplitud del intervalo [a; b] es la diferencia b – a y se representa como r[a; b]

Ejemplo: r [-4; 2] = 2 – (-4) = 6

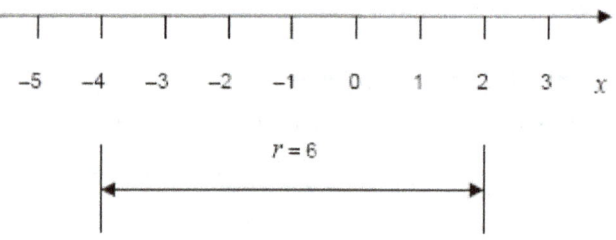

**Magnitud**

Propiedad de un fenómeno, cuerpo o sustancia, que puede expresarse cuantitativamente mediante un número y una referencia

**Magnitud de influencia**

magnitud que, en una medición directa, no afecta a la magnitud que realmente se está midiendo, pero sí afecta a la relación entre la indicación y el resultado de medida.

Ejemplos:
1. La frecuencia es una magnitud de influencia en la medición directa de la amplitud constante de una corriente alterna con un amperímetro;
2. La temperatura de un micrómetro utilizado para medir la longitud de una varilla, pero no la temperatura de la propia varilla, que puede aparecer en la definición del mensurando.

Una medición indirecta conlleva una combinación de mediciones directas, cada una de las cuales puede estar a su vez afectada por magnitudes de influencia.

**Medición o medida**

proceso que consiste en obtener experimentalmente uno o varios valores que pueden atribuirse razonablemente a una magnitud.

Las mediciones no se aplican a las propiedades cualitativas. La medición supone una comparación de magnitudes, e incluye el conteo de entidades.

Es importante notar que una medición supone una descripción de la magnitud compatible con el uso previsto de un resultado de medida, un procedimiento de medida y un sistema de medida calibrado conforme a un procedimiento específico, incluyendo las condiciones de medida.

**Mensurando, m**
magnitud que se desea medir

**Principio de medición**
fenómeno que sirve como base de una medición

**Método de medición**

descripción genérica de la secuencia lógica de operaciones utilizadas en una medición. Los métodos de medida pueden clasificarse de varias maneras como:
– método de sustitución,
– método diferencial, y
– método de cero;
o
– método directo, y
– método indirecto

**Procedimiento de medida**

descripción detallada de una medición conforme a uno o más principios de medida y a un método de medida dado, basado en un modelo de medida y que incluye los cálculos necesarios para obtener un resultado de medida.

Es común que un procedimiento de medida se documente con suficiente detalle para que un operador pueda realizar la medición. Un procedimiento de medida puede incluir una incertidumbre de medida objetivo.

**Resultado de una medición**

conjunto de valores de una magnitud atribuidos a un mensurando, acompañados de cualquier otra información relevante disponible.

El resultado de una medición se expresa generalmente como un valor medido único y una incertidumbre de medida. Si la incertidumbre de medida se considera despreciable para un determinado fin, el resultado de medida puede expresarse como un único valor medido de la magnitud. En muchos campos ésta es la forma habitual de expresar el resultado de medida.

**Exactitud**

proximidad entre un valor medido y un valor verdadero de un mensurando

El concepto "exactitud de medida" no es una magnitud y no se expresa numéricamente. Se dice que una medición es más exacta cuanto más pequeño es el error de medida.

A pesar de lo arriba explicado, en la literatura comercial es frecuente que la exactitud se presente como un porcentaje de la escala completa o puede expresarse como un valor absoluto en todos los alcances del instrumento.

**Precisión**
Proximidad entre las indicaciones o los valores medidos obtenidos en mediciones repetidas de un mismo objeto, o de objetos similares, bajo condiciones especificadas que incluyen:
- el mismo procedimiento de medición,
- el mismo lugar
- y mediciones repetidas del mismo objeto u objetos similares
- durante un periodo amplio de tiempo,

pero que puede incluir otras condiciones que involucren variaciones.

**Repetibilidad**

Precisión de medida bajo un conjunto de condiciones de repetibilidad
**Condiciones de repetibilidad**
Condición de medición dentro de un conjunto de condiciones que incluye el mismo procedimiento de medida, los mismos operadores, el mismo sistema de medida, las mismas condiciones de operación y el mismo lugar, así como mediciones repetidas del mismo objeto o de un objeto similar en un periodo corto de tiempo

**Reproducibilidad**

Precisión de medida bajo un conjunto de condiciones de reproducibilidad.
**Condiciones de reproducibilidad**

Condición de medición dentro de un conjunto de condiciones que incluyen diferentes lugares, operadores, sistemas de medida y mediciones repetidas de los mismos objetos u objetos similares

Notas:
1. Los diferentes sistemas de medición pueden utilizar diferentes procedimientos de medida.
2. En la práctica, conviene que toda especificación relativa a las condiciones incluya las condiciones que varían y las que no.

En la figura 4 se muestran esquemáticamente los conceptos de precisión y exactitud.

**Incertidumbre**

Parámetro no negativo que caracteriza la dispersión de los valores atribuidos a un mensurando, a partir de la información que se utiliza.

Notas:
1. La incertidumbre de medida incluye componentes procedentes de efectos sistemáticos, tales como componentes asociadas a correcciones y a valores asignados a patrones, así como la incertidumbre debida a la definición. Algunas veces no se corrigen los efectos sistemáticos estimados y en su lugar se tratan como componentes de incertidumbre.
2. El parámetro puede ser, por ejemplo, una desviación típica, en cuyo caso se denomina incertidumbre estándar o típica de medida (o un múltiplo de ella), o una semiamplitud con una probabilidad de cobertura determinada.
3. En general, la incertidumbre de medida incluye numerosas componentes. Algunas pueden calcularse mediante una evaluación tipo A de la incertidumbre de medida, a partir de la distribución estadística de los valores que proceden de las series de mediciones y pueden caracterizarse por desviaciones típicas. Las otras componentes, que pueden calcularse mediante una evaluación tipo B de la incertidumbre de medida, pueden caracterizarse también por desviaciones típicas, evaluadas a partir de

funciones de densidad de probabilidad basadas en la experiencia u otra información.
4. En general, para una información dada se sobrentiende que la incertidumbre de medida está asociada a un valor determinado atribuido al mensurando. Por tanto, una modificación de este valor supone una modificación de la incertidumbre asociada.

**Error**

Diferencia entre un valor medido de una magnitud y un valor de referencia

El concepto de error de medida puede emplearse
   a) cuando exista un único valor de referencia, como en el caso de realizar una calibración mediante un patrón cuyo valor medido tenga una incertidumbre de medida despreciable, o cuando se toma un valor convencional, en cuyo caso el error es conocido.
   b) cuando el mensurando se supone representado por un valor verdadero único o por un conjunto de valores verdaderos, de amplitud despreciable, en cuyo caso el error es desconocido.

Nota: Conviene no confundir el error de medida con un error en la producción o con un error humano.

**Corrección**

Compensación de un efecto sistemático estimado

La compensación puede tomar diferentes formas, tales como la adición de un valor o la multiplicación por un factor, o bien puede deducirse de una tabla.

**Resolución**

Mínima variación de la magnitud medida que da lugar a una variación perceptible de la indicación correspondiente.

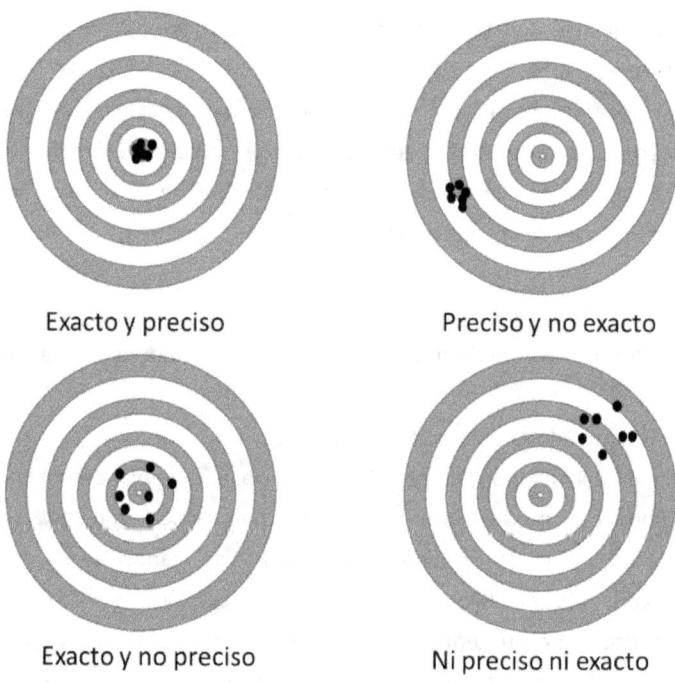

Figura 4. Conceptos de exactitud y precisión

La resolución puede depender, por ejemplo, del ruido (interno o externo) o de la fricción. También puede depender del valor de la magnitud medida.

En una indicación analógica, la división mínima de la escala y la resolución no son lo mismo. Se puede aún dividir la división mínima y obtener una mayor resolución. Ver figura 5.

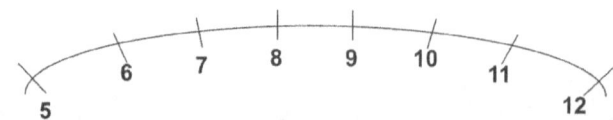

Figura 5. La división mínima de la escala es 1. ¿Cuál es la resolución?

# METROLOGÍA

**Estabilidad**

Aptitud de un instrumento de medida para conservar constantes sus características metrológicas a lo largo del tiempo.

La estabilidad puede expresarse cuantitativamente de varias formas:
1. Mediante un intervalo de tiempo en el curso del cual una característica metrológica varía una cantidad determinada.
2. Por la variación de una propiedad en un intervalo de tiempo determinado.

**Clase de exactitud**

Clase de instrumentos o sistemas de medida que satisfacen requisitos metrológicos determinados destinados a mantener los errores de medida o las incertidumbres instrumentales dentro de límites especificados, bajo condiciones de funcionamiento dadas.

1 — Una clase de exactitud habitualmente se indica mediante un número o un símbolo adoptado por convenio.
2 — El concepto de clase de exactitud se aplica a las medidas materializadas.

**Patrón**
realización de la definición de una magnitud dada, con un valor determinado y una incertidumbre de medida asociada, tomada como referencia.

Ejemplos:
1 — Patrón de masa de 1 kg, con una incertidumbre estándar asociada de 3 μg
2 — Resistencia patrón de 100 Ω, con una incertidumbre estándar asociada de 1 μΩ
3 — Patrón de frecuencia de cesio, con una incertidumbre estándar relativa de 2 x $10^{-15}$
4 — Electrodo de referencia de hidrógeno, con un valor asignado de 7.072 y una incertidumbre estándar asociada de 0.006

5 — Serie de soluciones de referencia, de cortisol en suero humano, que tienen un valor certificado con una incertidumbre de medida.

## 1.7 CONVERSIONES ENTRE UNIDADES

Es común que en algunas ocasiones se tengan que realizar conversiones entre unidades diferentes a las del SI. Como cuando nos dicen medidas de un dispositivo y están en pies o pulgadas o cuando nos hablan del volumen de un refrigerador en pies cúbicos.

Por ejemplo:

1 pie = 0.3048 m

Sabemos que, si ambas cantidades son iguales, el dividir una entre la otra nos da la unidad:

$$\frac{1\ pie}{0.3048\ m} = \frac{0.3048\ m}{1\ pie} = 1$$

Y que multiplicar cualquier cantidad por 1 no altera tal cantidad.

Entonces para convertir 4 pies a metros podemos realizar la siguiente conversión:

$$(4\ pies)\left(\frac{0.3048\ m}{1\ pie}\right) = 1.2192\ m$$

Para convertir 1.5 m a pies se realiza lo siguiente:

$$(1.5\ m)\left(\frac{1\ pie}{0.3048\ m}\right) = 4.9212\ pies$$

Veamos otro ejemplo:

METROLOGÍA

Se dice que un refrigerador tiene una capacidad de 11 ft³ (pies cúbicos). Para determinar su capacidad en m³ se tiene:

$$(11\ pie^3)\left(\frac{0.3048\ m}{1\ pie}\right)^3 = 0.3115\ m^3$$

En el capítulo V de la publicación CNM-MMM-PT-003 "El Sistema Internacional de Unidades (SI)" se dan un gran número de correspondencias entre unidades.

## PROBLEMAS Y EJERCICIOS DEL CAPÍTULO

1. ¿Puedes explicar con tus propias palabras si existe alguna diferencia entre exactitud y resolución?

2. ¿Qué diferencia hay entre error e incertidumbre?

3. ¿Qué es trazabilidad y cómo se logra en una medición? Pon un ejemplo de la vida cotidiana.

4. Convierte 200 ml a cm³ (1 dm³ es igual a un litro)

5. Simplifica las siguientes expresiones empleando prefijos de tal manera que uses el menor número de ceros:
    a) 45000 cm;
    b) 0.000 043 H;
    c) 0.0001 kg;
    d) 0.023 K;
    e) 600 000 pF;
    f) 0.000075 amperes

6. Explica la diferencia que existe entre repetibilidad y reproducibilidad.
7. ¿Qué es una magnitud de influencia
8. Expresa de manera correcta lo siguiente:

    a) Expresa correctamente 20 grados Celsius

b) Determina cual expresión de unidad de medida está bien escrita: Celsiuis, Newton, pascal, Siemens, Hertz

9. Usa las reglas de escritura de unidades y prefijos del SI para corregir lo siguiente:

   a) pascal realizó un marco de 30 x 35 x 40 cm para colocar en el centro de una pared de 2.7m x 4.5 m
   b) Un cilindro de una motocicleta tiene un volumen de 500 cc y una carrera de 11cm. de largo.
   c) La medición del voltaje de un termopar es de 10345 µVolts que genera un amperaje de .0008mA en el circuito de medición cuando se coloca a una temperatura de 1234 °K
   d) La energía potencial de una piedra en lo alto de un edificio de .030 Km es de 14700 Nm
   e) El tinaco de mi casa es de 1011 l de volumen.
   f) El motor del ventilador debe conectarse correctamente a un voltaje de 120 Volts AC para reducir su wattaje al mínimo
   g) La velocidad que un automóvil deberá circular en una gasolinera es de 10 Km por 3600 seg. que es un equivalente a 10KPH
   h) La corriente que circula en bobina de un electroimán es 200 Amp. que es capaz de levantar un peso de 40 kgs de hierro.

10. Realiza las siguientes conversiones:
    - 30 psi a MPa
    - 30 psi a kPa
    - 30 psi a kg/cm$^2$
    - 30 psi a bar
    - 25 L a m$^3$
    - 25 L a cm$^3$
    - 13 h a s
    - 13h a min
    - 560 kg a t
    - 15 ha a m$^2$
    - 645 A° a nm
    - 50 cSt a m$^2$/s
    - 60 N a kgf
    - 40kPa a Torr
    - 4 in a mm

METROLOGÍA

- 5 ft a m

## DÓNDE APRENDER MÁS

- Norma Oficial Mexicana NOM-008-SCFI-2002, Sistema General de Unidades de Medida
- Norma Mexicana NMX-Z-055-1997: IMNC Metrología-Vocabulario de términos fundamentales generales.
- Ley Federal de Metrología y Normalización (LFMN) publicada en DOF en 1992 y cuyo texto vigente es de 2009.
- Metrology – in short. 3ra edición. Julio de 2008. Euramet. Libro electrónico. ISBN 978-87-988154-5-7

En internet:

Vocabulario Internacional de Metrología. Conceptos fundamentales y generales, y términos asociados. Edición del VIM 2008 http://www.sim-metrologia.org.br/voca_int_metro.pdf

Vocabulario Internacional de Metrología. Conceptos fundamentales y generales, y términos asociados. Edición del VIM 2008 con inclusión de pequeñas correcciones. 3ª edición en español. Centro Español de Metrología. Disponible en la página http://www.cem.es/sites/default/files/vim-cem-2012web.pdf

Capítulo V de la publicación CNM-MMM-PT-003. "El Sistema Internacional de Unidades (SI)"

Número especial Revista Serendipia no. 30 año V, mayo-junio 2014. En https://www.revistaserendipia.com/

Página del BIPM:
http://www.bipm.org/

Página del CENAM:
https://www.gob.mx/cenam/

# 2. METROLOGÍA LEGAL

La metrología legal se origina de la necesidad de brindar un comercio justo, específicamente en el área de pesas y medidas. Está enfocada principalmente a los instrumentos de medición los cuales están controlados por normativas, y el objetivo principal es asegurar resultados correctos en las mediciones a los ciudadanos cuando se emplean transacciones oficiales y comerciales. Los requerimientos metrológicos se basan en la legislación regional o nacional para instrumentos de medición, mediciones y métodos de prueba de productos manufacturados.

En México rige la Ley Federal de Metrología y Normalización (LFMN) que se publicó en 1992 y cuyo texto vigente es de 2009.

En Metrología, la LFMN establece, entre otras cosas que:

- En México el Sistema General de Unidades de Medida es el único legal y de uso obligatorio.
- Las escuelas oficiales y particulares que formen parte del sistema educativo nacional deberán incluir en sus programas de estudio la enseñanza del Sistema General de Unidades de Medida.
- Los instrumentos para medir y patrones que se usen en una transacción comercial o para determinar el precio de un servicio; en la remuneración o estimación, en cualquier forma, de labores personales; o en actividades que puedan afectar la vida, la salud o la integridad corporal; así como en actos de naturaleza pericial, judicial o administrativa; o en la verificación o calibración de otros instrumentos de medición, que se fabriquen en México o se importen y que se encuentren sujetos a norma oficial mexicana, requieren, previa su comercialización, aprobación del modelo o prototipo por parte de la Secretaría de Economía. Los instrumentos para medir cuando no reúnan los requisitos reglamentarios serán inmovilizados

antes de su venta o uso hasta en tanto los satisfagan. Los que no puedan acondicionarse para cumplir los requisitos de esta Ley o de su reglamento serán inutilizados.

- Los productos empacados o envasados por fabricantes, importadores o comerciantes deberán ostentar en su empaque, envase, envoltura o etiqueta, a continuación de la frase contenido neto, la indicación de la cantidad de materia o mercancía que contengan. Tal cantidad deberá expresarse de conformidad con el Sistema General de Unidades de Medida, con caracteres legibles y en lugares en que se aprecie fácilmente.
- Los poseedores de los instrumentos para medir tienen obligación de permitir que cualquier parte afectada por el resultado de la medición se cerciore de que los procedimientos empleados en ella son los apropiados.
- Se instituye el Sistema Nacional de Calibración (SNC) con el objeto de procurar la uniformidad y confiabilidad de las mediciones que se realizan en el país, tanto en lo concerniente a las transacciones comerciales y de servicios, como en los procesos industriales y sus respectivos trabajos de investigación científica y de desarrollo tecnológico. Este SNC, lo integrará la Secretaría de Economía, el Centro Nacional de Metrología, las entidades de acreditación que correspondan, los laboratorios de calibración acreditados y los demás expertos en la materia que la Secretaría estime convenientes.
- El Centro Nacional de Metrología (CENAM) tendrá las siguientes funciones: Fungir como laboratorio primario del Sistema Nacional de Calibración; conservar el patrón nacional correspondiente a cada magnitud, salvo que su conservación sea más conveniente en otra institución; proporcionar servicios de calibración a los patrones de medición de los laboratorios, centros de investigación o a la industria, cuando así se solicite, así como expedir los certificados correspondientes; participar en el intercambio de desarrollo metrológico con organismos nacionales e internacionales y en la intercomparación de los patrones de medida; y las demás que se requieran para su funcionamiento.

## 2.1 LOS LABORATORIOS ACREDITADOS

La acreditación es un reconocimiento de tercera parte sobre la calidad, el sistema, la imparcialidad y la competencia técnica de un laboratorio.

Tanto los laboratorios públicos como privados se pueden acreditar. La acreditación, aunque es voluntaria, un gran número de autoridades nacionales e internacionales solicitan la acreditación por una entidad acreditadora para asegurar la calidad de los laboratorios de calibración y ensayos dentro del área de competencia. En algunos países, por ejemplo, se requiere la acreditación para laboratorios que trabajan en el sector de alimentos o para la calibración de pesas en tiendas al menudeo. En México, como entidad acreditadora opera la Entidad Mexicana de Acreditación A. C. (ema).

Las entidades de acreditación por lo general tienen convenios regionales e internacionales para reconocer y promover la equivalencia entre los sistemas y de certificados e informes de ensayos emitidos por las diferentes organizaciones acreditadas.

## 2.2 LA NORMA 17025

Una acreditación se otorga sobre la base de la evaluación y seguimiento de los laboratorios. Generalmente se basa en normas internacionales como la ISO/IEC 17025 "Requerimientos generales para la competencia de laboratorios de calibración y ensayo", de la cual existe la versión de norma mexicana NMX-EC-17025-IMNC-2006, y de especificaciones técnicas y guías relevantes para cada laboratorio.

La finalidad de la aplicación de la norma ISO 17025 es que el laboratorio pueda tener resultados confiables y técnicamente válidos. Dentro de esta norma existen requisitos de gestión y requisitos técnicos.

Los requisitos de gestión son, entre otros:

Tener personal para identificar desviaciones al sistema de calidad, e iniciar acciones para prevenir o minimizar tales desviaciones. Designar personal substituto para el personal directivo clave.

Implantar y documentar un sistema de calidad adecuado para el logro de sus actividades.

Contar con procedimientos para revisión de solicitudes, ofertas y contratos. Contar con las consideraciones para llevar a cabo subcontratación de servicios con laboratorios competentes. Evaluar a los proveedores de consumibles y servicios que afectan la calidad de los ensayos y calibraciones. Permitir al cliente un adecuado seguimiento del desempeño de laboratorio durante la realización de los servicios.

Tener políticas, procedimientos y registros para todas las actividades de gestión arriba mencionadas además de lo siguiente: Política y procedimientos para atención de quejas; política y procedimientos para implantar cuando existen no conformidades con procedimientos o requisitos del cliente; política, procedimiento y designación de responsabilidades para implantar acciones correctivas.

Identificar las fuentes potenciales de no conformidades técnicas o administrativas. Procedimiento para identificación, acceso y mantenimiento de registros técnicos y administrativos. Procedimiento para respaldo de registros almacenados electrónicamente. Auditorías internas. Procedimiento para realizar auditorías periódicas dirigidas a todos los elementos del sistema de calidad, incluyendo actividades de ensayo y o calibración. La dirección conducirá revisiones al sistema de calidad del laboratorio.

# METROLOGÍA

Los requisitos técnicos, entre otros, son:

Tomar en cuenta los factores que determinan el desarrollo de las actividades del laboratorio y desarrollar métodos y procedimientos relacionados con la competencia de laboratorio.

Contar con personal calificado con educación, capacitación y destreza apropiadas según sea necesario. Identificar las necesidades de capacitación.

Las condiciones ambientales no deben afectar adversamente la calidad de los servicios. Contar con instrucciones para uso y operación de equipo cuando sea necesario. Satisfacer las necesidades del cliente utilizando métodos basados preferentemente en normas. Aplicar métodos publicados en normas, textos o publicaciones científicas (según especificaciones de los fabricantes). Validar métodos no normalizados, desarrollados por el laboratorio, o fuera de su alcance propuesto.

Cualquier laboratorio que realice calibraciones propias, debe tener un procedimiento para cálculo de incertidumbre. Los laboratorios de ensayo deben calcular la incertidumbre.

Antes de ser puesto en servicio, el equipo utilizado debe calibrarse. Para equipos que presentan resultados dudosos, examinar el efecto de las desviaciones e iniciar la aplicación del procedimiento para control de trabajo no conforme. Proteger el equipo de ajustes o cambios que puedan invalidar los resultados.

Calibrar todo el equipo en uso, incluyendo el usado para mediciones auxiliares (condiciones ambientales) si tienen un efecto significativo. Todos los patrones utilizados deben verificarse, para conservar la confianza en el estado de calibración

Siempre que sea razonable, utilizar planes de muestreo basados en métodos estadísticos apropiados. Contar con procedimientos para el manejo y transporte de los elementos de ensayo y calibración durante todo el proceso. Contar con un sistema para identificar los elementos. Contar con procedimientos para supervisar la validez de los ensayos y calibraciones.

En cuestión de informes de medición, calibración o ensayo, tomar en cuenta los elementos mínimos que debe contener tal informe. Considerar la incertidumbre de la medición para hacer cualquier declaración de conformidad. Se permiten opiniones e interpretaciones, siempre que se documenten las bases y fundamentos. Cualquier modificación o enmienda a un informe emitido, sólo puede hacerse con un documento adicional.

## 2.3 ENSAYOS DE APTITUD

Los ensayos de aptitud, EA tienen el propósito de determinar el desempeño de laboratorios participantes en ensayos, calibraciones o mediciones específicas y también para registrar de forma continua el desempeño de esos laboratorios. Son organizados por un proveedor de ensayos de aptitud, PEA que se encarga de organizar comparaciones entre laboratorios y analizar los resultados de esas comparaciones.

Los resultados (cuantitativos) de cada laboratorio en un ensayo de aptitud se pueden representar por el siguiente modelo:

$x_i = \mu + \varepsilon_i$

con $x_i$ = resultado de EA para el participante $i$
$\mu$ = valor verdadero para el mensurando
$\varepsilon_i$ = error de medición para el participante $i$

En este modelo cada laboratorio da un resultado que se descompone en: a) el valor verdadero del mensurando, que se puede aproximar por calibración del elemento de ensayo por un laboratorio de referencia o por consenso entre los laboratorios participantes; y b) el error de medición del laboratorio participante.

Existen varios esquemas de ensayos de aptitud, en algunos casos, un elemento de ensayo, que es seleccionado por su estabilidad, es enviado a cada uno de los participantes en la ronda. Los resultados de mediciones de cada laboratorio participante son comparados con respecto a un valor de referencia del elemento de ensayo y sus desviaciones e incertidumbres son evaluados con estadísticos de desempeño como los siguientes:

- Estimadores z
- Números $E_n$
- Estimadores z'
- Estimadora zeta ($\zeta$)
- Estimador $E_z$

Para muchas mediciones físicas, el estadístico más empleado es el de *Error normalizado*, $E_n$ que se calcula para cada laboratorio participante como:

$$E_n = \frac{R - V}{\sqrt{U_{lab}^2 + U_{ref}^2}}$$

Donde:
- $R$ es el resultado del laboratorio participante
- $V_A$ es el valor asignado por un laboratorio de referencia;
- $U_{ref}$ es la incertidumbre expandida de $V_A$;
- $U_{lab}$ es la incertidumbre expandida del resultado $R$ de un participante.

En México existen varios PEA, al final del capítulo se da una lista de ellos.

## 2.4 ORGANIZACIÓN DE LA INFRAESTRUCTURA INTERNACIONAL EN METROLOGÍA

En Paris en 1875 tomo lugar una conferencia diplomática sobre el metro, donde 17 gobiernos firmaron el tratado "la Convención del Metro". Los firmantes decidieron crear y financiar un instituto científico permanente: el "Bureau International des Poids et Mesures", BIPM. México se adhirió años después a este tratado.

En la "Conférence Générale des Poids et Mesures", CGPM se discute y examina el trabajo desarrollado por institutos nacionales de metrología (INM) y el BIPM y hace recomendaciones sobre determinaciones fundamentales metrológicas y asuntos de mayor preocupación para el BIPM.

La Convención del Metro tiene 51 países miembros, y 27 países y economías asociadas al CGPM con el derecho de enviar un observador al CGPM.

El CGPM elige hasta 18 representantes para el "Comité International des Poids et Mesures", CIPM. El CIPM se apoya por 10 comités consultativos. El presidente de cada comité consultivo usualmente es un miembro del CIPM. Los otros miembros de los comités consultativos son representantes de los institutos nacionales de metrología y otros expertos.

Los comités del CIPM son:

1. Comité Consultivo de Electricidad y Magnetismo (CCEM).
2. Comité Consultivo de Fotometría y Radiometría (CCPR).
3. Comité Consultivo de Termometría (CCT).
4. Comité Consultivo de Longitud (CCL).
5. Comité Consultivo de Tiempo y Frecuencia (CCTF).
6. Comité Consultivo de Radiaciones Ionizantes (CCRI).
7. Comité Consultivo de Unidades (CCU).

8. Comité Consultivo para la Masa y las Magnitudes Relacionadas (CCM).
9. Comité Consultivo para la Cantidad de Sustancia: metrología en la química.
10. Comité Consultivo de Acústica, Ultrasonidos y Vibraciones (CCAUV)

# 2.5 INSTITUTOS NACIONALES DE METROLOGÍA

Un Instituto Nacional de Metrología, INM es un instituto designado por una decisión nacional para desarrollar y mantener los patrones nacionales de medición para una o más magnitudes. Un INM representa al país internacionalmente en relación a los institutos nacionales de metrología de otros países en el BIPM y otras organizaciones. Una lista de los INM se encuentra en el sitio de internet del BIPM, pero podemos citar algunos como ejemplo: CENAM, en México; NIST en Estados Unidos, NRC en Canadá, CENAMEP en Panamá, NPL en Inglaterra, PTB en Alemania, KRISS en Corea, entre otros.

**Acuerdo de reconocimiento mutuo de CIPM**

Para asegurar la intercambiabilidad necesitamos mediciones consistentes a lo largo del mundo. Necesitamos saber que un metro en China es el mismo metro en México. El BIPM está concretamente interesado en asegurar que las medidas hechas en un país están de acuerdo o son equivalentes con las mediciones hechas en otro.

En 1999 los directores de los 38 INM y de dos organizaciones internacionales firmaron el Acuerdo de Reconocimiento Mutuo (*Mutual Recognition Arrangment*, MRA) del *Comité International des Poids et Mesures*, CIPM. Una parte de este acuerdo se refiere al establecimiento del grado de equivalencia de los patrones de medición nacionales, mientras que la segunda parte trata del reconocimiento mutuo de los certificados de calibración y medición emitidos por los INM participantes.

El MRA es un esquema para dar a los usuarios información cuantitativa necesaria de la comparabilidad de los servicios de metrología nacional y proveer de bases técnicas para ampliar los acuerdos negociados por tratados internacionales, de comercio y de regulación.

Los resultados del proceso son las declaraciones de las Capacidades de Medición y Calibración (CMC) de cada INM. Básicamente el MRA consiste en una extensa base de datos que permite a cualquiera comparar la capacidad de medición de un INM.

**Organizaciones de Metrología Regional**

La colaboración de los INM a nivel regional se coordina por organizaciones regionales cuyas actividades incluyen la comparación de patrones de medición, la cooperación en investigación y desarrollo en metrología, compartiendo instalaciones y capacidades técnicas entre otras. Algunas de estas organizaciones se listan a continuación:

ILAC – International Laboratory Accreditation Cooperation. Es una cooperación internacional en esquemas de acreditación a través de todo el mundo.

OIML – International Organization of Legal Metrology. Promueve la armonización global de los procedimientos de metrología legal.

SIM – Sistema Interamericano de Metrología. Con 34 miembros es la organización regional para América.

APLAC – Asia Pacific Laboratory Accreditation Cooperation. Cooperación en la región Asia-Pacífico responsable por acreditación en calibración, ensayos e inspección de instalaciones.

EURAMET – es la colaboración europea en Patrones de Medición.

## PROBLEMAS Y EJERCICIOS DEL CAPÍTULO

1. ¿Qué menciona la ley federal de metrología y normalización LFMN con respecto a las mediciones realizadas en México?

2. Menciona tres requisitos de gestión y tres requisitos técnicos que necesita un laboratorio de calibración y ensayos para considerar acreditarse.

3. Menciona el propósito de los ensayos de aptitud y porqué un laboratorio de calibración, medición o ensayos debería participar en ellos.

4. Selecciona uno de los diez comités consultivos del CIPM y busca en su correspondiente página de internet sus actividades y comparaciones que llevan a cabo.

5. Entra a la página de un instituto nacional de metrología, como el CENAM si estás en México y ve que servicios de metrología ofrecen.

6. Busca en internet proveedores de ensayos de aptitud y lista las magnitudes en las que ofertan servicios.

## DÓNDE APRENDER MÁS

- Norma Oficial Mexicana NOM-008-SCFI-2002, Sistema General de Unidades de Medida.
- Ley Federal de Metrología y Normalización (LFMN) publicada en DOF en 1992 y cuyo texto vigente es de 2009.
- Metrology – in short. 3ra edición. Julio de 2008. Euramet. Libro electrónico. ISBN 978-87-988154-5-7

En internet:

Página del BIPM:
http://www.bipm.org/

Página de la Entidad Mexicana de Acreditación:
http://www.ema.org.mx

Página de la OIML:
https://www.oiml.org/en

Página del Sistema Interamericano de Metrología, SIM: http://www.sim-metrologia.org.br/spanol/

METROLOGÍA

Página de EURAMET:
https://www.euramet.org/

Página de ILAC: http://ilac.org/

Página de APLAC:
https://www.aplac.org/

Proveedor de ensayo de aptitud: Página de SENA
http://sena.mx/

# 3. INCERTIDUMBRE DE MEDICIÓN

En la vida cotidiana, sin darnos cuenta y de manera subjetiva, realizamos continuamente estimaciones de incertidumbre de medida para una gran variedad de magnitudes. Ejemplos de estas estimaciones son cuando decimos "La Ciudad de Querétaro se localiza entre 200 km y 220 km de la ciudad de México" o "ese vehículo viaja entre 110 km/h y 120 km/h" o "esa persona debe tener de 20 a 25 años"; en cada uno de los casos anteriores estamos realizando un "estimado" del intervalo donde se localiza el valor verdadero de esa magnitud de interés (mensurando).

La incertidumbre de una medición nos dice algo sobre la calidad de la misma. Una incertidumbre de medición es la duda que existe sobre el resultado de medida. Las reglas, relojes, balanzas, termómetros, y cualquier instrumento de medición, deberían ser confiables y dar medidas correctas, pero cada medición, inclusive la realizada con mucho cuidado, siempre tiene un margen de duda, de incertidumbre.

Muchos envases de bebidas o de comida se llenan a más o menos cierta cantidad, regulada por ley. Debido a la dificultad para medir de forma precisa el llenado de un envase o lata en un rápido proceso de producción, una lata que podría tener 355 mL en realidad puede contener entre 358 mL a 375 mL. Para evitarse sanciones, el fabricante debería evitar suministrar menos que la cantidad especificada; pero reducirá su ganancia si es demasiado generoso y agrega mucho más de lo especificado. De manera similar un proveedor de autopartes para el interior de un auto debe satisfacer dimensiones mínimas y máximas (tolerancias) tal que el ensamble y la apariencia sean aceptables. Los ingenieros que realizan experimentos deben medir y obtener resultados de medición y en adición también las incertidumbres en sus mediciones. Deben saber cómo las incertidumbres de las magnitudes de entrada afectan la incertidumbre del resultado final en la salida.

Todos estos ejemplos ilustran la importancia de la estimación de la incertidumbre experimental en el resultado total. Siempre existe un compromiso en el trabajo experimental o en la manufactura: se pueden reducir las incertidumbres a un nivel deseado, pero para una incertidumbre pequeña (medición o experimento más exacto), el proceso y el instrumental será mucho más costoso. Cualquiera que se involucre en la fabricación o en trabajo experimental, deberá entender las incertidumbres experimentales y cómo se combinan y propagan hacia el resultado final.

En la figura 6 se muestra que a mayor incertidumbre disminuye el costo de medición, pero aumenta el costo de decisiones incorrectas basadas en una medición dudosa. Al contrario, al disminuir la incertidumbre, aumenta el costo de medición. Un costo óptimo lleva al mínimo los costos totales que suman las decisiones incorrectas y las mediciones.

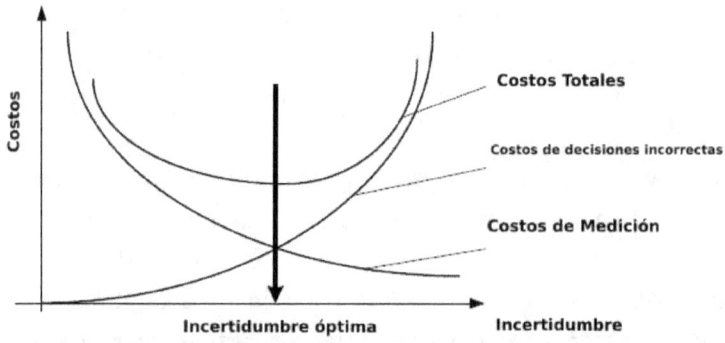

Figura 6. Grafica que muestra el equilibrio entre costos de medición y la incertidumbre de medida.

El experimentador debe conocer la validez de los datos que obtiene. Los errores de medida se producen en todos los experimentos sin importar el cuidado ejercido en realizarlos. Algunos de estos errores son de naturaleza aleatoria y algunos otros son debidos a equivocaciones grandes por parte del experimentador. Los datos malos, obtenidos por las equivocaciones se pueden descartar inmediatamente, pero en caso contrario, y aun cuando los datos experimentales luzcan mal, no se pueden descartar sin una base estadística consistente.

Si un experimentador sabe cuál fue el error de medición, deberá corregirlo y ya no será más un error. Las correcciones no son exactas o perfectas y aun con el error corregido quedará la incertidumbre debida a tal corrección. La incertidumbre se ha definido en otro capítulo del libro, pero se puede interpretar como un intervalo en el que se espera se encuentre el valor verdadero de la magnitud sujeta a medición (mensurando).

Es común confundir error con incertidumbre, por ello se recomienda estar atento al contexto adecuado.

Supóngase que la especificación de 10 mm y tolerancia de 0.2 mm se usa para la fabricación de barras espaciadoras. Si la tolerancia es simétrica (10 ± 0.1 mm) significa que una barra se aceptará si mide entre 9.9 y 10.1 mm. Si se toma una barra individual y se mide con el calibrador y se obtiene el valor de 9.88 mm. Se toma una segunda medición en la misma barra y obtiene 9.91 mm. La primera medición indica que la barra está fuera de tolerancia, la segunda indica que está dentro.

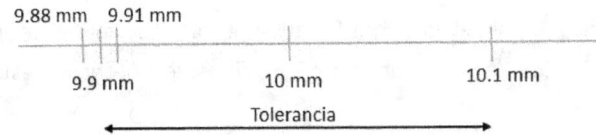

Uno se puede preguntar qué es lo que está mal en el proceso de medición. No necesariamente está mal, cada vez que se mide la barra se puede hacer en diferentes lugares, aplicar diferentes fuerzas o temperaturas que afecten la barra, etc. Estos son efectos de magnitudes de influencia.

Adicionalmente, para establecer la calidad de la medición es necesario que esta sea trazable. Para ello es necesario que el calibrador que se usa en la medición este calibrado. Por ejemplo, supóngase que el calibrador usado fue calibrado y el informe de calibración dice que se tiene una corrección en 10 mm de +0.029 mm, que significa que este valor de corrección se tiene que sumar para que el resultado corregido esté de acuerdo con la unidad de medición. En nuestro ejemplo, si la indicación nos diera 9.92 mm, el resultado corregido será 9.949 mm.

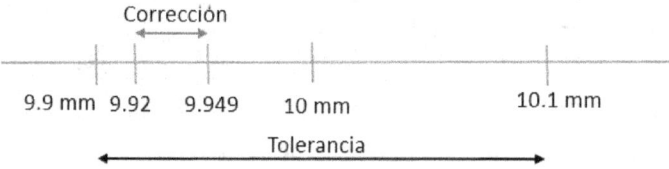

Si se estima que la incertidumbre es de 0.030 mm, entonces tenemos un intervalo [9.919 ; 9.979] mm con el mejor estimado de 9.949 mm, la inspectora puede confiar en aceptar el espaciador medido.

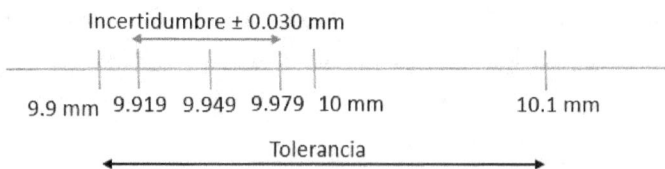

En cambio, si la incertidumbre fuera 0.060 mm se tendría un intervalo [9.889; 10.009] mm. Donde el límite inferior de este intervalo está fuera de la especificación.

# METROLOGÍA

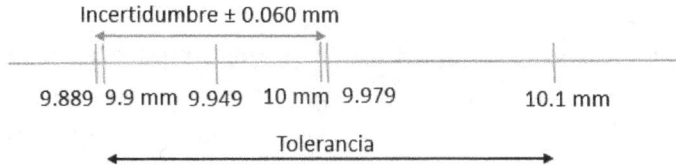

Si no se quiere correr riesgos, entonces se tendrá un intervalo de aceptación A, de ancho S - 2U donde S es el ancho de la especificación y U es la incertidumbre.

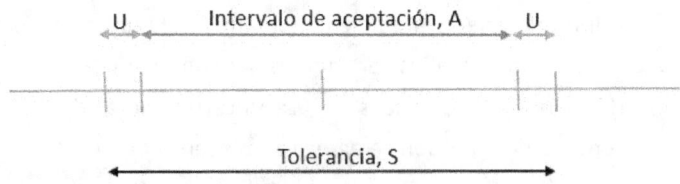

En esencia, la incertidumbre es una medida de la "certeza o duda" del resultado de una medición. Para la evaluación de la incertidumbre asociada con el valor de un mensurando se necesita tanto el modelo que refleja la interrelación de todas las magnitudes que influyen el mensurando y el conocimiento acerca de estas cantidades de influencia.

Para derivar el modelo el cual representa la interrelación entre las magnitudes de entrada y la magnitud de salida, se necesita analizar el proceso de medición. Básicamente, debido al conocimiento incompleto de esta interrelación, este modelo será inevitablemente sólo una aproximación a la realidad.

Realmente, la evaluación de la incertidumbre está basada tanto en el conocimiento acerca del proceso de medición como en las magnitudes de entrada relevantes.

Muchas cosas pueden empeorar una incertidumbre, porque las mediciones reales nunca se hacen bajo condiciones perfectas. Es por esto que pueden aparecer errores e incertidumbres:

- El instrumento de medición – Los instrumentos pueden sufrir de errores incluyendo sesgos, cambios debidos a los años del instrumento u otros tipos de problemas como lectura inestable, ruido (para instrumentos eléctricos) y muchos otros.
- El objeto por medir – El cual puede no ser estable. (Imagina el tratar de medir el tamaño de un cubo de hielo en una habitación caliente)
- El proceso de medición – Las mediciones en sí mismas pueden ser difíciles de realizar. Por ejemplo, midiendo el tamaño de un animal pequeño pero vivo presenta dificultades particulares para obtener que el sujeto coopere.
- Incertidumbres "importadas" – La incertidumbre de calibración del instrumento de medición se agrega a la incertidumbre de la medición que realices. Sólo recuerda que la incertidumbre debida a la no calibración suele ser aún mucho mayor.
- Habilidad del operador – Algunas mediciones dependen de la habilidad y juicio del operador. Una persona puede ser mejor que otra en el trabajo delicado de realizar una medición o para la lectura fina y detallada realizada a simple vista. Por ejemplo, el resultado de medición al usar un cronometro depende de la reacción en tiempo del operador.
- Toma de muestras – Las mediciones que realices deben ser representativas del proceso que estas tratando de medir. Si quieres saber la temperatura de una mesa de trabajo, no debes medirla con un termómetro posicionado en la superficie cerca de una salida de aire acondicionado. Si estas eligiendo muestras desde una línea de producción para una medición, no siempre tomes las primeras 10 hechas en la mañana de un lunes.
- El ambiente – Temperatura, presión de aire, humedad y muchas otras condiciones pueden ser magnitudes de influencia y afectar a los instrumentos de medida o el objeto a ser medido.

# 3.1 PROCEDIMIENTO PARA LA EVALUACIÓN Y EXPRESIÓN DE LA INCERTIDUMBRE

Anteriormente no existía un consenso para expresar la incertidumbre en la metrología. Por 1977 el BIPM empezó a tomar cartas en el asunto y se formó un grupo de trabajo formado por seis organizaciones internacionales: BIPM, IEC, IFCC, ISO, IUPAP, IUPAC, OIML. En 1995 se publicó la *Guide to the Expression of Uncertainty in Measurement*, conocida como GUM. En México un equivalente de esa guía es la norma NMX-CH-140-IMNC-2002, Guía para la expresión de la incertidumbre de las mediciones.

Desde su publicación en 1995, la GUM constituye la referencia necesaria en cada instancia o publicación en la que se habla de la incertidumbre. Fue un momento importante en la historia de la metrología debido a la reflexión sobre el concepto de la incertidumbre y de cómo evaluarla estadísticamente ofreciendo un método relativamente consensuado.

Los pasos por seguir para evaluar y expresar la incertidumbre de los resultados de una medición como se presentan en la *GUM* se resumen como sigue:

Este un procedimiento general que aplica a mediciones de cualquier magnitud.

i. **Expresar matemáticamente la relación entre el mensurando $Y$ y las magnitudes de entrada $X_i$ de los cuales depende $Y$: $Y = f(X_1, X_2, ..., X_N)$.**

En cualquier medición debe establecerse claramente y sin ambigüedades el mensurando: la magnitud final de interés. Para determinar la magnitud se requiere de magnitudes medidas directamente como aquellas magnitudes que se determinan de estimados que pudieron o no haberse medido directamente.

Se necesita establecer un modelo de medición para estimar los valores sujetos a mediciones indirectas. El modelo, que debe describir lo más fiel la física involucrada, puede escribirse explícitamente en términos de una o más fórmulas matemáticas o puede ser un algoritmo.

Se puede pensar, el modelo de medición, como una caja negra con entradas y salidas. Algunas veces, las magnitudes de entrada no las mide directamente el interesado, sino que ocupa valores encontrados por otros. La salida puede ser otra magnitud que se ocupe en otro proceso más adelante.

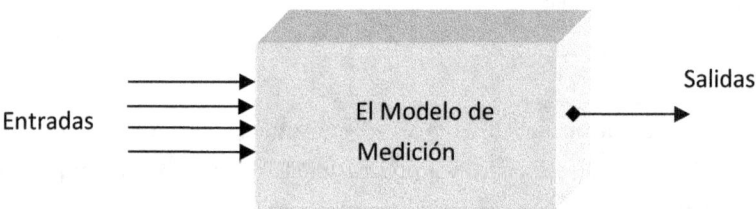

Aún el modelo más simple estará incompleto si no se toman en cuenta correcciones a las indicaciones de los instrumentos usados para medición directa.

La primera tarea para estimar el valor del estimando es reemplazar los valores estimados en el modelo en las magnitudes de entrada. La segunda parte consiste en determinar la incertidumbre de la medición. El evaluador de la incertidumbre debe estar seguro de que el modelo es correcto y que aplica a los valores estimados de las magnitudes de entrada.

La función $f$ deberá contener todas las magnitudes de las cuales depende incluyendo todas las correcciones y factores de corrección que puedan contribuir como componentes significativos de incertidumbre al resultado de la medición. En algunos casos se incluyen las correcciones que se realizan a las mediciones por diversos factores.

## METROLOGÍA

La relación entre las magnitudes de entrada $X_i$ y el mensurando $Y$ como la magnitud de salida se representa como una función

$$Y = f(\{X_i\}) = f(X_1, X_2, \ldots, X_N) \qquad (1)$$

representada por una tabla de valores correspondientes, una gráfica o una ecuación, en cuyo caso y para los fines de este documento se hará referencia a una relación funcional.

ii. **Determinar $x_i$, el valor estimado de la magnitud de entrada $X_i$,**

ya sea sobre la base del análisis estadístico de una serie de observaciones, como el promedio, o por otro método.

$X_i$ incluye la mejor estimación del valor del mensurando y una estimación de la incertidumbre sobre ese valor.

El mejor estimado del valor del mensurando es el resultado de calcular el valor de la función $f$ evaluada en el mejor estimado de cada magnitud de entrada,

$$y = f(x_1, x_2, \ldots, x_N) \qquad (2)$$

En algunas ocasiones se toma el mejor estimado de $Y$ como el promedio de varios valores $y_j$ del mensurando obtenidos a partir de diversos conjuntos de valores $(X_i)_j$ de las magnitudes de entrada

iii. **Evaluar la *incertidumbre estándar* $u(x_i)$ de cada estimación de magnitud de entrada $x$.**

Antes de comparar y combinar las contribuciones de incertidumbre que tienen distribuciones diferentes, es necesario representar los valores de las incertidumbres originales como incertidumbres estándar.

Se emplea el método de evaluación de incertidumbres estándar Tipo A en la estimación del valor de una magnitud de entrada obtenida a partir del análisis estadístico de una serie de observaciones de tal estimación. Para el caso de una estimación obtenida por otros métodos, la incertidumbre estándar u($x_i$) se utiliza el método de evaluación de incertidumbres estándar Tipo B.

**Evaluación tipo A**

La incertidumbre de una magnitud de entrada $Xi$ obtenida a partir de observaciones repetidas bajo condiciones de repetibilidad, se estima con base en la dispersión de los resultados individuales.

Si $Xi$ se determina por $n$ mediciones independientes, resultando en valores $q_1$, $q_2$, ... , $qn$, el mejor estimado $x_i$ para el valor de $Xi$ es la media de los resultados individuales:

$$x_i = \bar{q} = \frac{1}{n}\sum_{j=1}^{n} q_j \tag{3}$$

La dispersión de los resultados de la medición $q_1$, $q_2$, ..., $qn$ para la magnitud de entrada $Xi$ se expresa por su desviación estándar experimental:

$$s(q) = \sqrt{\frac{1}{n-1}\sum_{j=1}^{n}(q_j - \bar{q})^2} \tag{4}$$

La incertidumbre estándar $u(xi)$ de $xi$ se obtiene finalmente mediante el cálculo de la desviación estándar experimental de la media:

$$u(x_i) = s(\bar{q}) = \frac{s(q)}{\sqrt{n}} \qquad (5)$$

Así que resulta para la incertidumbre estándar de $X_i$:

$$u(x_i) = \frac{1}{\sqrt{n}} \sqrt{\frac{1}{n-1} \sum_{j=1}^{n} (q_j - \bar{q})^2} \qquad (6)$$

Otras fuentes de incertidumbre que se evalúan con este método son la reproducibilidad y las obtenidas al hacer una regresión.

**Evaluación tipo B**

Las fuentes de incertidumbre tipo B son cuantificadas usando información externa u obtenida por experiencia. Estas fuentes de información pueden ser:

- Certificados o informes de calibración, o certificados de materiales de referencia o informes de caracterización, etc.
- Manuales del instrumento de medición, especificaciones del instrumento.
- Normas o literatura.
- Valores de mediciones anteriores.
- Conocimiento sobre las características o el comportamiento del sistema de medición.
- Evaluación de condiciones en que la medición se llevó a cabo.

Para ello se determina la desviación estándar de la distribución asignada a cada fuente.

*i. Distribución normal:*

La desviación estándar experimental de la media calculada a partir de los resultados de una medición repetida representa la incertidumbre estándar.

Cuando se dispone de valores de una incertidumbre expandida $U$, como los presentados por ejemplo en certificados o informes de calibración, se divide $U$ entre el factor de cobertura $k$, obtenido ya sea directamente o a partir de un nivel de confianza dado:

$$u(x_i) = \frac{U}{k} \tag{7}$$

*ii.   Distribución rectangular:*

Si la magnitud de entrada $X_i$ tiene una distribución rectangular con el límite superior $a_+$ y el límite inferior $a_-$, el mejor estimado para el valor de $X_i$ está dado por:

$$x_i = \frac{a_+ + a_-}{2} \tag{8}$$

y la incertidumbre estándar se calcula por

$$u(x_i) = \frac{a_+ - a_-}{\sqrt{12}} \tag{9}$$

o por

$$u(x_i) = \frac{a/2}{\sqrt{3}} \tag{10}$$

donde $a/2$ es el semi-intervalo del intervalo $a$ con

$$a = a_+ - a_- \tag{11}$$

Una aplicación típica es la resolución de un instrumento digital (ver más adelante). También la incertidumbre relacionada con el número finito de cifras significativas de datos tomados de la literatura se puede tratar con esta distribución (siempre y cuando no haya indicios que la incertidumbre en realidad es mayor que la incertidumbre relacionada con la última cifra significativa). Si se aplica a la resolución o a datos tomados de la literatura, *a* corresponde al último dígito significativo o a la última cifra significativa respectivamente.

*iii.* *Distribución triangular:*

Como en una distribución rectangular, para una magnitud de entrada $X_i$ que tiene una distribución triangular con los límites $a_+$ y $a_-$, el mejor estimado para el valor de $X_i$ está dado por:

$$x_i = \frac{a_+ + a_-}{2} \tag{12}$$

La incertidumbre estándar se calcula en este caso por:

$$u(x_i) = \frac{a_+ - a_-}{\sqrt{24}} = \frac{a/2}{\sqrt{6}} \tag{13}$$

con *a* como definido arriba.

*Resolución de un indicador digital.*

Si la resolución del dispositivo indicador es $\delta x$, el valor del estímulo que produce una indicación $X$ dada puede localizarse con igual probabilidad en cualquier lugar en el intervalo de $X - \delta x/2$ a $X + \delta x/2$. El estímulo se describe entonces mediante una distribución de probabilidad rectangular de anchura $\delta x$ con varianza $u^2 = (\delta x)^2/12$, implicando una incertidumbre estándar de $u = 0.29\, \delta x$ para cualquier indicación.

*Histéresis*

Ciertos tipos de histéresis pueden causar un tipo similar de incertidumbre. La indicación de un instrumento puede diferir por una cierta magnitud fija y conocida dependiendo de si las sucesivas lecturas son de valores progresivamente mayores o progresivamente menores. Sin embargo, la dirección de la histéresis no es siempre observable: pueden existir oscilaciones ocultas en el instrumento alrededor de un punto de equilibrio, de tal manera que la lectura depende de la dirección desde la cual se realiza la aproximación a este punto. Si el intervalo de posibles lecturas originado por este motivo es $\delta x$, la varianza es, nuevamente, $u^2 = (\delta x)^2/12$, y la incertidumbre estándar debido a la histéresis es $u = 0.29\ \delta x$.

### iv. Evaluar las covarianzas asociadas

Evaluar las covarianzas asociadas con cualesquiera estimaciones de los argumentos que estén correlacionadas.

Dos variables son independientes cuando la probabilidad asociada a una de ellas no depende de la otra, esto es, si $q$ y $w$ son dos variables aleatorias independientes, la probabilidad conjunta se expresa como el producto de las probabilidades de las variables respectivas.

$$p(q,w) = p(q)p(w) \tag{14}$$

Es común que se encuentran magnitudes de entrada que no sean independientes. La independencia lineal de dos variables puede estimarse estadísticamente con el coeficiente de correlación.

$$r(q,w) = \frac{u(q,w)}{u(q)u(w)} \tag{15}$$

En el denominador de esta ecuación están las incertidumbres estándar de las variables referidas y en el numerador la covarianza de las mismas.

La covarianza se puede estimar como:

$$u(q,w) = \frac{1}{n(n-1)} \sum_{k=1}^{n} (q_k - \bar{q})(w_k - \bar{w})$$

(16)

Un valor de *r* = 0 indica independencia de *q* y *w*. Los valores de *r* = +1 o −1 indican una correlación total.

v. **Calcular el resultado de la medición.**

esto es, la estimación *y* del mensurando *Y*, a partir de la relación funcional *f* usando, para los argumentos $X_i$, las estimaciones $x_i$ obtenidas en el paso ii.

vi. **Determinar la *incertidumbre estándar combinada* $u_c(y)$ del resultado de la medición *y***

a partir de las incertidumbres estándar y las covarianzas asociadas con las estimaciones $x_i$. Si la medición determina simultáneamente más de un resultado, calcule sus covarianzas

La contribución $u_i(y)$ de cada fuente a la incertidumbre combinada depende de la incertidumbre estándar $u(x_i)$ de la propia fuente y del impacto de la fuente sobre el mensurando.

En el caso de magnitudes de entrada no correlacionadas, la incertidumbre combinada $u_c(y)$ se calcula por la suma geométrica de las contribuciones particulares:

$$u_c(y) = \sqrt{\sum_{i=1}^{N} \left[\frac{\partial f}{\partial X_i} u(x_i)\right]}$$

(17)

Si la influencia de la magnitud de entrada $X_i$ en el mensurando $Y$ no está claramente representada por una relación funcional, la derivada parcial de la función con respecto a la magnitud de entrada $X_i$ (coeficiente de sensibilidad) se puede aproximar como:

$$\frac{\Delta Y}{\Delta X_i} \qquad (18)$$

lo cual es una primera aproximación.

Si algunas de las magnitudes de entrada están correlacionadas, hay que considerar las covarianzas entre ellas y entonces se tiene

$$u_c(y) = \sqrt{\sum_{i=1}^{N}\left[\frac{\partial f}{\partial X_i}u(x_i)\right] + \sum_{\substack{i,j=1 \\ i \neq j}}^{N}\frac{\partial f}{\partial X_i\partial X_j}u(x_i)u(x_j)r(X_i,X_j)}$$

(19)
donde $r(X_i, X_j)$ es el factor de correlación entre las magnitudes de entrada $X_i$ y $X_j$.

**vii.** **Si es necesario declarar una *incertidumbre expandida U***

cuyo propósito sea establecer un intervalo de $y - U$ a $y + U$ que se espera que abarque una fracción grande de la distribución de los valores que razonablemente se puedan atribuir al mensurando $Y$, multiplíquese a la incertidumbre estándar combinada $u_c(y)$ por un *factor de cobertura k*, típicamente con valores en el intervalo de 2 a 3, para obtener $U = ku_c(y)$. Seleccione $k$ sobre la base del nivel de confianza requerido para el intervalo

# METROLOGÍA

En el medio industrial, a menudo se elige el nivel de confianza de manera tal que corresponda a un factor de cobertura como un número entero de desviaciones estándar en una distribución normal.

De manera rigurosa la incertidumbre expandida se calcula de acuerdo a la ec. Como

$$U = u_c t_p(v_{ef}) \qquad (20)$$

donde $t_p(v_{ef})$ es el factor derivado de la distribución $t$ de Student a un nivel de confianza $p$ y $v_{ef}$ grados de libertad y obtenido de tablas o funciones estadísticas.

El Teorema del Límite Central permite aproximar la distribución resultante por una distribución normal cuando se combinan varias fuentes de incertidumbre con sus respectivas distribuciones.

El número efectivo de grados de libertad $v_{ef}$ del mensurando considera el número de grados de libertad $v_i$ de cada fuente de incertidumbre.

Los grados de libertad para una incertidumbre tipo A son $v = N-1$

La determinación del número de grados de libertad de una incertidumbre tipo B está dada por:

$$v_i \approx \frac{1}{2}\left[\frac{\Delta u(x_i)}{u(x_i)}\right]^{-2} = \frac{1}{2}\left[\frac{u(x_i)}{\Delta u(x_i)}\right]^2$$
(21)

La cantidad $\Delta u(x_i)$ es una estimación de la incertidumbre de la incertidumbre $u(x_i)$ de la fuente.

El número efectivo de grados de libertad se calcula según la ecuación de Welch-Satterthwaite:

$$v_{ef} = \frac{u_c^4(y)}{\sum_{i=1}^{N} \frac{u_i^4(y)}{v_i}}$$

(22)

Si el valor de $v_{ef}$ resultante no es entero, generalmente se considera $v_{ef}$ como el entero menor más próximo.

Los valores de $t_p(v_{ef})$ para p = 95.45% se muestran en la siguiente tabla:

Tabla 6. Valores de $t_p$ dados los grados de libertad para un nivel de confianza de p = 95.45%

| n | $t_p(v_{ef})$ |
|---|---|
| 1 | 13.97 |
| 2 | 4.53 |
| 3 | 3.31 |
| 4 | 2.87 |
| 5 | 2.65 |
| 6 | 2.52 |
| 7 | 2.43 |
| 8 | 2.37 |
| 9 | 2.32 |
| 10 | 2.28 |
| 20 | 2.13 |
| 50 | 2.05 |
| 100 | 2.025 |
| ∞ | 2.000 |

viii.   Informar del resultado de la medición *y* junto con su incertidumbre estándar combinada $u_c(y)$ o su incertidumbre expandida *U*.

Descríbase, cómo se obtuvieron *y* y $u_c(y)$ o *U*.

# EJEMPLO DE APLICACIÓN

Medición del volumen de una moneda.

### ¿Cuál es el modelo de la medición?

El modelo propuesto para una moneda redonda, es el del volumen de un cilindro:

$$V = \frac{\pi}{4} D^2 h$$

Donde $D$ es el diámetro de la moneda y $h$ es el espesor de ésta.

### ¿Cómo se va a medir?

Se medirá *D* y *h* con una regla graduada en milímetros (división mínima 1mm). Se tomarán 10 medidas de los diámetros y 10 medidas del espesor en varias posiciones de la regla sobre la moneda. Del mejor estimando se tiene el volumen según la fórmula arriba indicada.

### ¿Cuáles son las fuentes de incertidumbre?

- Resolución del instrumento (regla), Resol.
- Calibración del instrumento (regla), Cal.
- Repetibilidad de las mediciones, Rep.
- Otras, ¿cuáles?

### Diagrama de árbol para la incertidumbre

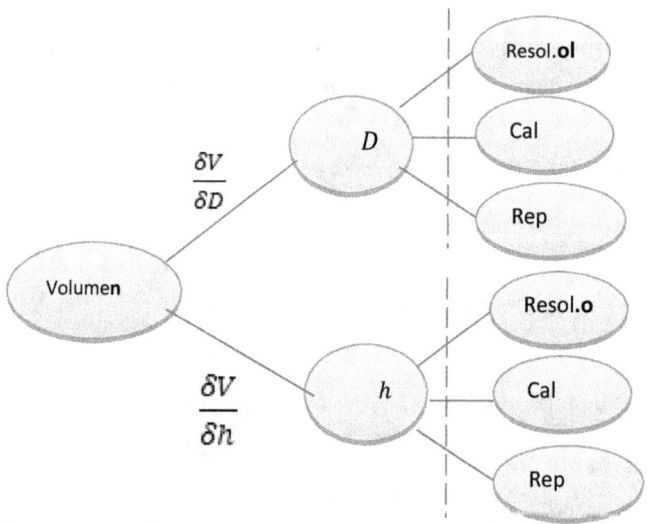

## ¿Cómo afecta $D$ y $h$ al volumen?

Se obtiene la derivada parcial del volumen *V* con respecto al diámetro *D* y al espesor *h*

$$\frac{\delta V}{\delta D} = \frac{\delta(\pi D^2 h/4)}{\delta D} = \frac{\pi}{4}h\frac{\delta D^2}{\delta D} = \frac{\pi}{4}h(2D) = \frac{\pi h D}{2}$$

$$\frac{\delta V}{\delta h} = \frac{\delta(\pi D^2 h/4)}{\delta h} = \frac{\pi}{4}D^2\frac{\delta h}{\delta h} = \frac{\pi}{4}D^2(1) = \frac{\pi D^2}{4}$$

Que son los coeficientes de sensibilidad

Estos coeficientes de sensibilidad se multiplican por la incertidumbre de cada magnitud de entrada.

La ecuación de la incertidumbre combinada quedaría:

$$u_C(V) = \sqrt{(\frac{\delta V}{\delta D}u_D)^2 + (\frac{\delta V}{\delta h}u_h)^2}$$

$$u_C(V) = \sqrt{(\frac{\pi h D}{2}u_D)^2 + (\frac{\pi D^2}{4}u_h)^2}$$

Nota: Se considera que no están correlacionados

Pero las incertidumbres del diámetro y el espesor a su vez dependen de las incertidumbres de medición (resolución, repetibilidad y calibración):

$$u_D = \sqrt{u_{Dres}^2 + u_{Drep}^2 + u_{Dcalib}^2}$$

$$u_h = \sqrt{u_{hres}^2 + u_{hrep}^2 + u_{hcalib}^2}$$

Si se considera que la regla se calibró y tiene un "error" de cero y una incertidumbre de 0.1mm con k=2

La resolución, que es lo que puede leer de manera óptima, se puede considerar como ½ división mínima. (Puede diferir para cada operador)

Así tenemos que para $u_{cal}$:

$$u_{cal} = u_{Dcal} = u_{hcal} = \frac{U_{cal}}{2} = \frac{0.1}{2} = 0.05mm$$

Mientras que para $u_{res}$:

$$u_{res} = u_{Dres} = u_{hres} = 0.29\delta x = (0.29)(0.5) = 0.145mm$$

Para $u_{rep}$:

$$u_{Drep} = \frac{s_D}{\sqrt{n}} \quad si \quad n = 10 \quad \therefore \quad u_{Drep} = \frac{s_D}{\sqrt{10}}$$

$$u_{hrep} = \frac{s_h}{\sqrt{n}} \quad si \quad n = 10 \quad \therefore \quad u_{hrep} = \frac{s_h}{\sqrt{10}}$$

A la incertidumbre combinada $u_c(V)$ se le puede multiplicar por un factor de cobertura k = 2, para obtener una incertidumbre expandida $U = ku_c(V)$. con aproximadamente el 95 % del nivel de confianza.

## PROBLEMAS Y EJERCICIOS DEL CAPÍTULO

1- Realiza el ejercicio de medición del volumen de una moneda de $ 1 (1 peso) y da los resultados en mm³

Usa las indicaciones del ejemplo de aplicación (usando una regla de plástico o metal graduada en milímetros) y obtén:
   a. Promedio y desviación estándar (de la muestra) para el diámetro.
   b. Promedio y desviación estándar (de la muestra) para el espesor.
   c. Con los promedios calcula el volumen de la moneda usando la fórmula para el cilindro.
   d. Con los promedios calcula los factores de sensibilidad para el diámetro $\frac{\pi h D}{2}$ y el espesor $\frac{\pi D^2}{4}$.
   e. Calcula la incertidumbre por repetibilidad $u_{Drep}$ usando la desviación estándar del diámetro $s_D$ y dividiendo entre raíz del número de mediciones.
   f. Calcula la incertidumbre por repetibilidad $u_{hrep}$ usando la desviación estándar del diámetro $s_h$ y dividiendo entre raíz del número de mediciones.
   g. Calcula la incertidumbre por resolución $u_{res}$ = 0.29 $\delta x$, que es común a ambas medidas. Usa $\delta x$ = 0.5 mm ó aquella resolución que alcances a percibir (0.33 mm, 0.25 mm, etc.), incluso usando una lupa para tomar la lectura.
   h. Considera que no se hace corrección a las lecturas por calibración de la regla y que la incertidumbre es igual a la calculada $u_{cal} = u_{Dcal} = u_{hcal} = 0.05 mm$

i. Obtén la incertidumbre del diámetro $u_D$ a través de la raíz cuadrada de la suma de las incertidumbres de resolución, repetibilidad y calibración elevadas al cuadrado.

j. Obtén la incertidumbre del espesor $u_h$ a través de la raíz cuadrada de la suma de las incertidumbres de resolución, repetibilidad y calibración elevadas al cuadrado.

k. Usa los factores de sensibilidad calculados en el punto d y la incertidumbre del diámetro $u_D$ y la incertidumbre del espesor $u_h$ y ocupa la ecuación de incertidumbre combinada $u_C(V)$.

l. Multiplica la incertidumbre combinada $u_C(V)$ por el factor k = 2 para obtener la incertidumbre expandida.

m. Con *V* y *U(V)* expresa el resultado completo de la medición como: *V ± U(V)* con nivel de confianza de aprox. 95%

2- Del ejercicio anterior y con los datos obtenidos en la medición de la moneda, evalúa la covarianza de D y h usando la ecuación (16). ¿es significativa?

3- Si se tiene una regla de 30 cm, ¿cuál será la estimación de incertidumbre al medir la diagonal de una hoja tamaño carta?

    a. Midiendo el ancho y altura de la hoja y usando el teorema de Pitágoras que relaciona los catetos con la hipotenusa.

    b. Midiendo directamente con la regla (considera todas las fuentes de incertidumbres al hacerlo en varios pasos)

    c. Compara las incertidumbres y establece cual es la que te da menor incertidumbre.

4- En la medición de potencia de una resistencia eléctrica se puede medir su intensidad de corriente y la tensión que se le aplica a través de la fórmula:
Potencia = Intensidad de corriente X tensión aplicada
Determina la incertidumbre de la potencia usando un multímetro digital para medir corriente y tensión de forma separada.

# DÓNDE APRENDER MÁS

1. Guide to the Expression of Uncertainty in Measurement, BIPM, IEC, IFCC, ISO, IUPAP, IUPAC, OIML (2008).
2. NMX-CH-140-IMNC-2002, Guía para la expresión de la incertidumbre de las mediciones; equivalente al documento Guide to the Expression of Uncertainty in Measurement, BIPM, IEC, IFCC, ISO, IUPAC, IUPAP, OIML, 1995.

# METROLOGÍA

# 4.METROLOGÍA DIMENSIONAL

Una medición dimensional es la medida de las características geométricas de un artefacto. Puede involucrar la medición de tamaño, distancia, ángulo, forma o coordenada de una entidad de tal artefacto, y el artefacto en sí mismo puede ser cualquier cosa –la altura de una persona, el diámetro de una tubería, la longitud del cable de freno de una bicicleta, el radio de una rueda de automóvil, etc.

En la manufactura de productos se hacen mediciones dimensionales con la finalidad de demostrar que has hecho las cosas correctamente y puedes dar confianza a tus clientes de que ellos tienen el producto que solicitaron. Las mediciones dimensionales son esenciales en el registro y control de las variaciones inherentes a cualquier proceso de manufactura. Cosas tan simples como el desgaste de la herramienta o un error en la dimensión de un componente puede poner fuera de las tolerancias permitidas a la pieza que se trate. Con mediciones dimensionales realizadas a tiempo, se pueden realizar acciones correctivas inmediatas.

En la ciencia también puedes hacer mediciones dimensionales, como por ejemplo en el campo, para caracterizar la altura de las plantas en una cosecha que forma parte de un proyecto de investigación. En medicina puede interesarte el cambio de tamaño de un tumor sobre un periodo de tiempo o como la talla promedio de la especie humana ha aumentado desde el año 1900.

En la industria automotriz, con su diaria producción de autos en masa, listos para circular, se requiere tener proveedores de niveles inferiores enviando suministros a los proveedores de niveles superiores y finalmente a la línea de ensamble. El proceso completo y correcto de ensamble y manufactura se lleva a cabo gracias a las mediciones dimensionales trazables que se llevan a cabo durante todo el recorrido.

En el mismo ejemplo de la producción automotriz, también tenemos el requisito de la intercambiabilidad de componentes. Podría generar molestia ir a la refaccionaria para sustituir una pieza de tu auto, regresar y encontrar que las dimensiones no son compatibles. El diseñador desde el proceso de diseño debe asegurar que una pieza tendrá asociada una tolerancia de su tamaño con una variación aceptable, y asegurarse que el componente esté fabricado dentro de una banda de tolerancia y que funcionará como se requiere.

Tradicionalmente existe la regla 10:1, esto es, medir la exactitud 10 veces mejor que la tolerancia que requieres en la manufactura. Por ejemplo, si estuvieras midiendo un diámetro particular de una muestra usando un vernier calibrado con una resolución de 0.02mm para determinar el tamaño del componente durante el proceso, no puedes esperar apreciar una tolerancia de 0.01mm. Sin embargo, usando el mismo componente y un micrómetro con una resolución de 0.001mm puedes medir el tamaño del componente y ajustar la herramienta apropiadamente para hacer el corte final dentro de la tolerancia.

El metro es definido por la *Conférence des Poids et Mesures*, CIPM el cual es un comité de renombrados científicos que discutieron el tema e hicieron recomendaciones sobre la manera más exacta de definir la unidad. El metro está definido como la distancia recorrida por la luz en el vacío durante la fracción de 1/299 792 458 de un segundo.

La definición del metro en el SI es de poca utilidad cuando se trata de hacer mediciones reales y como consecuencia se requieren más pasos para utilizar el metro en una forma útil. Para propagar la exactitud del metro en las mediciones dimensionales, en los laboratorios nacionales se usan bloques patrón cuyas dimensiones son conocidas a través de técnicas de interferometría láser.

Los bloques patrón son bloques simples de acero o cerámica con dos caras con superficies planas y paralelas y con una distancia bien conocida entre ellas. Los bloques se fabrican en diferentes medidas que se apilan para formar diferentes dimensiones. Existen juegos de 112, 103, 87, 56 y 47 piezas. Se adhieren entre sí con un poco de grasa al presionarlos con movimientos deslizantes. El espesor de la película es tan pequeño como 5 nm por lo que se puede despreciar. Un juego de 112 piezas contiene 49 bloques que van de 1.01 mm a 1.49 mm en pasos de 0.01 mm, 49 bloques que van de 0.5 mm a 24.5 mm en pasos de 0.5 mm, 4 bloques de 25 mm a 1000 mm en pasos de 25 mm, 9 bloques de 1.001 mm a 1.009 mm en pasos de 0.001 mm y un calibre de 1.005 mm. Con ellos se pueden crear con alta precisión valores requeridos entre 1 mm y 211 mm cercanos a los 0.001 mm

**Especificaciones**

La metrología no sólo es un proceso de medición que se aplica a un producto ya terminado. La metrología se debe considerar desde el proceso de diseño. En el proceso de diseño, el diseñador imagina el producto como ideal y perfectamente manufacturado. Sin embargo, en el proceso de manufactura pueden variar las dimensiones, formas y acabado superficial de tal manera que el producto pueda ser inservible. Por ello es importante definir las especificaciones del producto desde la etapa de diseño.

## 4.1 LAS ESPECIFICACIONES DEL PRODUCTO

Se consideran las especificaciones del producto mecánico las siguientes:

- Tolerancias dimensionales,
- Tolerancias geométricas, y
- Acabado superficial

Estas especificaciones se dan en el dibujo técnico del producto y deben estar realizadas con dos fines:

- Interpretación de las especificaciones para la manufactura
- Interpretación de las especificaciones para la medición en la verificación.

Estas especificaciones responden a las preguntas: ¿cómo se ve hacer? y ¿cómo se va a verificar que se hizo como se quería?

## 4.2 ESPECIFICACIONES DE DISEÑO

En el diseño se listan especificaciones y requerimientos técnicos que tienen que cumplir los elementos y sistemas al manufacturarse. En el diseño se pueden hacer dibujos de forma tradicional, pero es más común usar un paquete de CAD (Diseño Asistido por Computadora). Los diseñadores utilizan CAD y FEA (Análisis de Elemento Finito) para cumplir con los requisitos y especificaciones de productos.

El diseñador debe considerar varios aspectos para beneficio de todos los involucrados:

- Facilidad de manufactura
- Facilidad de medición
- Facilidad para montar y sujetar el componente.

El propósito de los dibujos de ingeniería es expresar los requerimientos de la función de diseño tal que el producto sea manufacturado e inspeccionado según aquellos requerimientos.

**Temperatura estándar**

La temperatura tiene gran influencia en la medición dimensional, por ello es por lo que se ha establecido que la temperatura estándar de especificación y verificación sea de 20 °C. A consecuencia de esto, el diseñador tiene que especificar dimensiones de las piezas, aun las que funcionan a otra temperatura, a 20 °C. En el proceso de fabricación, el inspector de verificación medirá la pieza a 20 °C.

En algunos casos en que no se puede medir la pieza a 20 °C se tiene que corregir la dimensión por temperatura. Para corregir la longitud a 20 °C usa la siguiente relación.

$$L_{20} = L_T[1 + \alpha(20 - T)]$$

Donde:
$T$ es la temperatura de la pieza a diferente temperatura de 20 °C.
$L_T$ es la longitud medida a la temperatura $T$.
$L_{20}$ es la longitud a la temperatura de 20 °C.

El coeficiente de expansión lineal $\alpha_{acero}$ del acero es de 11.6 x $10^{-6}$ °C$^{-1}$

Ejemplo:

Para una barra de acero la longitud medida a 23.4 °C es 30.015 mm, usando la ecuación de arriba tendrá una longitud de 30.013 mm a 20 °C.

**Dimensiones y tolerancias en dibujos**

El proceso de manufactura produce variación en las piezas y es causada por:
- Desgaste en la herramienta de maquinado,
- calibres defectuosos
- variabilidad en materiales
- habilidad del operador
- falta de mantenimiento

- equipo de medición
- falta de entrenamiento del operador

Si en el dibujo se establece que se requiere un diámetro de 20.0 mm. ¿qué método y equipo se usará para producirlo y medirlo?, ¿qué instrumento podrías usar para medir los siguientes diámetros?

**1.** 20.0 mm ± 0.2 mm
**2.** 20.00 mm ± 0.02 mm

Existe una vieja práctica que suele ser la Regla 10:1, medir con una incertidumbre 10 veces mejor que la especificación de tolerancia de manufactura. Ejemplo, si estuvieras midiendo una longitud particular de una pieza automotriz usando un vernier calibrado que tiene una incertidumbre de 0.02 mm para determinar el tamaño de tal pieza durante el proceso, no debes esperar usarlo para determinar una tolerancia de 0.01 mm. Sin embargo, usando la misma pieza y un micrómetro con una exactitud de 0.001 mm puedes medir el tamaño de la pieza y ajustar la herramienta apropiadamente para hacer el corte final dentro de la tolerancia.

**Diseño e interpretación de especificaciones**

El dibujo de ingeniería es la forma más común de comunicación entre el diseñador, el ingeniero y el metrólogo. Cuando se manufactura un componente real este puede variar de muchas maneras, estas variaciones son aceptables siempre que se encuentren dentro de límites especificados con anterioridad. El propósito de los dibujos es transmitir que tanta variación es permisible.

Sistemas de Coordenadas

Es el sistema más común con tres ejes ortogonales (90° entre cada uno) comúnmente etiquetados como $x, y, z$. Las coordenadas también pueden ser expresadas en coordenadas esféricas o cilíndricas dependiendo de la geometría de la pieza.

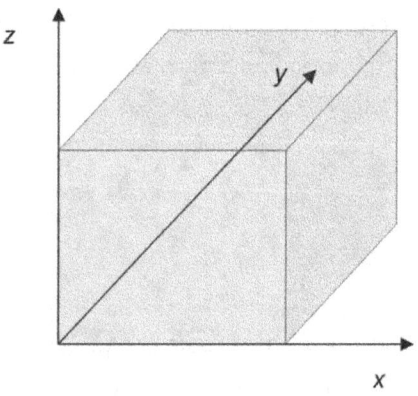

Los sistemas de coordenadas pueden ser locales o globales. Un sistema de coordenadas global puede ser visto como una referencia absoluta. Un sistema de coordenadas local es aquel que se encuentra establecido fuera del global, con una orientación diferente o con distinto origen. Ambas versiones pueden encontrarse en los sistemas cartesianos, esféricos y cilíndricos.

## 4.3 TOLERANCIAS DIMENSIONALES

Es prácticamente imposible fabricar partes de máquinas que tengan exactamente las dimensiones elegidas durante el diseño y que todas las piezas de una producción en serie queden con las mismas dimensiones. Esto es debido a la falta de precisión de los métodos de fabricación. Por ello, se debe considerar cierta variación en las medidas de las piezas.

Las tolerancias en ingeniería son indulgencias hechas para las imperfecciones de un objeto manufacturado. Una especificación para un cilindro con un diámetro nominal de 100 mm pero también con una tolerancia de ± 0.1 mm significa que cualquier diámetro con un valor en el intervalo de 99.9 mm a 100.1 mm es aceptable.

Cuando se requiere producir piezas con cierta exactitud, como cuando éstas van a ser utilizadas en ensambles, es necesario un control estricto de sus dimensiones. En nuestro mercado globalizado, los fabricantes producen piezas de manera que éstas se puedan montar en otras piezas de otros fabricantes. El control de las medidas debe ser tal que parezca que las piezas han sido fabricadas expresamente para aquellas en las cuales se van a montar.

La variación máxima admisible, **tolerancia**, de las dimensiones de una pieza, debe ser lo más amplia posible para reducir tiempo y costos de producción. Pero a la vez debe ser lo suficientemente cerrada para que las piezas puedan ejecutar correctamente su función. El diseñador debe entonces conocer los procesos de producción y sus costos, así como la precisión de medida requerida en diversas aplicaciones, para especificar adecuadamente las tolerancias.

Algunas definiciones relacionadas con las tolerancias dimensionales:

**Tamaño básico o dimensión básica ($d_b$):** es la dimensión que se elige para la fabricación. Esta dimensión puede provenir de un cálculo, una normalización, una imposición física, o por experiencia. También se le conoce como dimensión teórica o exacta y es la que aparece en el plano como medida identificativa.

**Tolerancia ($T_l$):** es la variación máxima permisible en una medida, es decir, es la diferencia entre la medida máxima y la mínima que se aceptan en la dimensión. La referencia para indicar las tolerancias es la *dimensión básica*.

**Tolerancia unilateral:** ocurre cuando la dimensión de una pieza puede ser sólo mayor o sólo menor que la dimensión básica.

**Tolerancia bilateral:** ocurre cuando la dimensión de una pieza puede ser mayor o menor que la dimensión básica.

**Línea de referencia o línea cero:** es la línea a partir de la cual se miden las desviaciones superior e inferior; por lo tanto, *representa a la dimensión básica*.

Ejemplo:
Dimensión básica: $d_b$ = 10 mm
Desviación inferior: $\Delta_i$ = −0.05 mm
Desviación superior: $\Delta s$ = 0.01 mm
Tolerancia: $T_l$ = 0.06 mm

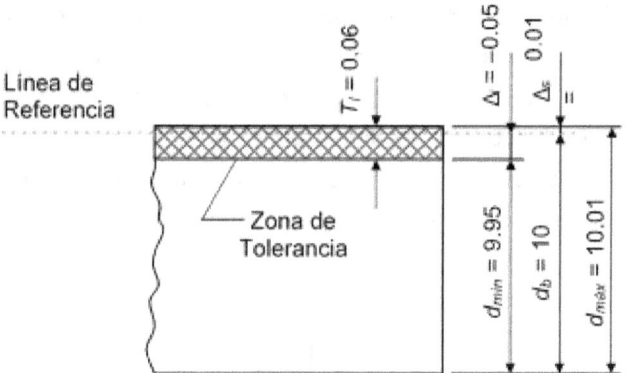

**Figura.** Ejemplo de una pieza de 10 mm de altura, con tolerancia bilateral (todas las medidas en mm).

La precisión de una pieza está determinada no sólo por la tolerancia, sino también por el tamaño de la pieza (para una misma aplicación, se permiten mayores tolerancias para piezas más grandes), se utiliza el término calidad.

**Calidad:** es la mayor o menor amplitud de la tolerancia que, relacionada con la dimensión básica, determina la precisión de la fabricación.

La tabla siguiente muestra la forma en que la ISO organizó un sistema de dieciocho calidades designadas por: IT 01, IT 0, IT 1, IT 2, IT 3, …, IT 16, cuyos valores de tolerancia se indican para 13 grupos de dimensiones básicas, hasta un valor de 500 mm. De los datos se puede notar que la tolerancia depende tanto de la calidad como de la dimensión básica.

Para elegir la calidad es necesario tener en cuenta que una excesiva precisión requiere máquinas más precisas lo que aumenta los costos de producción, una baja precisión puede afectar la funcionalidad de las piezas. Para el empleo de las diversas calidades se definen los siguientes rangos:

| Grupos de dimensiones en mm | | Calidad (Valores en μm) | | | | | | | | | | | | | | | | | |
|---|---|---|---|---|---|---|---|---|---|---|---|---|---|---|---|---|---|---|---|
| Mayor de | Hasta | 01 | 0 | 1 | 2 | 3 | 4 | 5 | 6 | 7 | 8 | 9 | 10 | 11 | 12 | 13 | 14 | 15 | 16 |
| 0 | 3 | 0.3 | 0.5 | 0.8 | 1.2 | 2 | 3 | 4 | 6 | 10 | 14 | 25 | 40 | 60 | 100 | 140 | 250* | 400* | 600* |
| 3 | 6 | 0.4 | 0.6 | 1 | 1.5 | 2.5 | 4 | 5 | 8 | 12 | 18 | 30 | 48 | 75 | 120 | 180 | 300 | 480 | 750 |
| 6 | 10 | 0.4 | 0.6 | 1 | 1.5 | 2.5 | 4 | 6 | 9 | 15 | 22 | 36 | 58 | 90 | 150 | 220 | 360 | 580 | 900 |
| 10 | 18 | 0.5 | 0.8 | 1.2 | 2 | 3 | 5 | 8 | 11 | 18 | 27 | 43 | 70 | 110 | 180 | 270 | 430 | 700 | 1100 |
| 18 | 30 | 0.6 | 1 | 1.5 | 2.5 | 4 | 6 | 9 | 13 | 21 | 33 | 52 | 84 | 130 | 210 | 330 | 520 | 840 | 1300 |
| 30 | 50 | 0.6 | 1 | 1.5 | 2.5 | 4 | 7 | 11 | 16 | 25 | 39 | 62 | 100 | 160 | 250 | 390 | 620 | 1000 | 1600 |
| 50 | 80 | 0.8 | 1.2 | 2 | 3 | 5 | 8 | 13 | 19 | 30 | 46 | 74 | 120 | 190 | 300 | 460 | 740 | 1200 | 1900 |
| 80 | 120 | 1 | 1.5 | 2.5 | 4 | 6 | 10 | 15 | 22 | 35 | 54 | 87 | 140 | 220 | 350 | 540 | 870 | 1400 | 2200 |
| 120 | 180 | 1.2 | 2 | 3.5 | 5 | 8 | 12 | 18 | 25 | 40 | 63 | 100 | 160 | 250 | 400 | 630 | 1000 | 1600 | 2500 |
| 180 | 250 | 2 | 3 | 4.5 | 7 | 10 | 14 | 20 | 29 | 46 | 72 | 115 | 185 | 290 | 460 | 720 | 1150 | 1850 | 2900 |
| 250 | 315 | 2.5 | 4 | 6 | 8 | 12 | 16 | 23 | 32 | 52 | 81 | 130 | 210 | 320 | 520 | 810 | 1300 | 2100 | 3200 |
| 315 | 400 | 3 | 5 | 7 | 9 | 13 | 18 | 25 | 36 | 57 | 89 | 140 | 230 | 360 | 570 | 890 | 1400 | 2300 | 3600 |
| 400 | 500 | 4 | 6 | 8 | 10 | 15 | 20 | 27 | 40 | 63 | 97 | 155 | 250 | 400 | 630 | 970 | 1550 | 2500 | 4000 |

Tabla de calidades. Valores en μm

Para agujeros:

- Las calidades 01 a 5 se destinan para calibres (instrumentos de medida).

- Las calidades 6 a 11 para la industria en general (construcción de máquinas).

- Las calidades 11 a 16 para fabricaciones bastas tales como laminados, prensados, estampados, donde la precisión sea poco importante o en piezas que generalmente no ajustan con otras.

Para ejes:

- Las calidades 01 a 4 se destinan para calibres (instrumentos de medida).

- Las calidades 5 a 11 para la industria en general (construcción de máquinas).

- Las calidades 11 a 16 para fabricaciones bastas.

Las calidades que se consiguen con diferentes máquinas herramientas:

- Con tornos se consiguen grados de calidad mayores de 7.

- Con taladros se consiguen: calidades de 10 a 12 con broca y de 7 a 9 con escariador.

- Con fresas y mandriles se obtienen normalmente calidades de 8 o mayores, aunque las de gran precisión pueden producir piezas con calidad 6.

- Con rectificadoras se pueden obtener piezas con calidad 5.

## 4.4 AJUSTES

Muchos elementos de máquinas, por ejemplo, en un automóvil, deben encajar dentro de otros para cumplir la función para la cual han sido diseñados.

Algunas veces se requiere que las piezas o elementos que se ajustan entre sí tengan movilidad relativa:

*(i)*        los árboles y ejes deben girar libremente sobre cojinetes de contacto deslizante para facilitar la transmisión de potencia o movimiento,

*(ii)*       una llave fija debe encajar libremente sobre la cabeza del tornillo para facilitar el proceso de apriete y aflojado,

*(iii)*      las guías de una máquina herramienta deben ajustar con el carro porta-herramienta de una manera tal que permita el fácil desplazamiento de este último, pero sin demasiado movimiento lateral.

En otros casos, se requiere que los elementos al ser montados queden fijos:

*(i)*        los engranajes, poleas, y cojinetes deben quedar fijos sobre ejes o árboles, para evitar vibraciones o movimientos indeseables y posibilitar una transmisión de potencia,

*(ii)*       el buje de un cojinete de contacto deslizante debe quedar aferrado al cuerpo exterior del cojinete,

Si las dimensiones de dos piezas no están suficientemente controladas, el **ajuste** puede ser impredecible (puede quedar fijo o libre). Se hace necesario que las medidas estén bien controladas de dos piezas a encajar; esto se hace especificando las posiciones de las zonas de tolerancia de ambos elementos para que éstas produzcan un ajuste apropiado.

Cuando se diseña y fabrica un elemento que va a ser distribuido internacionalmente y que puede montarse con piezas de otros fabricantes, es conveniente concordar con normas internacionales.

Para el manejo de ajustes se utiliza ciertas definiciones:

**Ajuste:** es el acoplamiento dimensional de dos piezas en la que una pieza se acopla sobre la otra.

# METROLOGÍA

**Eje:** es cada una de las partes de una pieza constitutiva de un ajuste, que presenta contactos externos (parte contenida).

**Agujero:** es cada una de las partes de una pieza constitutiva de un ajuste, que presenta contactos internos (parte que contiene).

**Juego ($J_u$):** es la diferencia entre la medida del agujero y la del eje (de un ajuste), cuando la medida del eje es menor que la del agujero.

**Juego mínimo ($J_{umín}$):** es la diferencia entre la medida mínima admisible del agujero y la máxima admisible del eje.

**Juego máximo ($J_{umáx}$):** es la diferencia entre la medida máxima admisible del agujero y la mínima admisible del eje.

**Apriete ($A_{pr}$):** es la diferencia entre la medida del agujero y la del eje (de un ajuste), cuando la medida del eje es mayor que la del agujero. Al acoplar el eje al agujero ha de absorberse una interferencia. Al apriete se le denomina también juego negativo.

**Apriete máximo ($A_{prmáx}$):** es la diferencia entre la medida máxima admisible del eje y la mínima admisible del agujero.

**Apriete mínimo ($A_{prmín}$):** es la diferencia entre la medida mínima admisible del eje y la máxima admisible del agujero.

**Ajuste móvil o con juego:** es el que siempre presenta juego (holgura).

**Ajuste fijo o con apriete:** es el que siempre presenta apriete (interferencia).

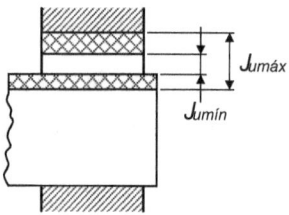
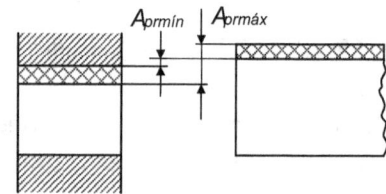

a) Ajuste con juego             b) ajuste con apriete

**Ajuste indeterminado o de transición:** es el que puede quedar con juego o con apriete según se conjuguen las medidas efectivas del agujero y del eje dentro de las zonas de tolerancia.

Existen normas internacionales (ISO) para ajustes y tolerancias. Las unidades típicas son milímetros (mm), aunque las normas están definidas también para el sistema inglés (en pulgadas).

La designación del ajuste comienza con la posición de tolerancia del agujero seguida de su calidad, después aparece la posición de tolerancia del eje seguida de su calidad; por ejemplo, la designación H7/p6 significa que la posición de tolerancia del agujero es la 'H' (lo cual indica que el sistema es agujero base) y su calidad es IT 7, la posición para el eje es 'p' y su calidad es 6. Nótese que, en la designación del ajuste, las letras mayúsculas se refieren al agujero y las letras minúsculas al eje. En la tabla siguiente se muestran ajustes adecuados a diferentes condiciones.

# METROLOGÍA

## Tabla de ajustes dependientes de la aplicación

| AJUSTES PRINCIPALES | | | | H6 | H7 | H8 | H9 | H11 |
|---|---|---|---|---|---|---|---|---|
| Juego Grande | Ensambles cuyo funcionamiento requiere juego amplio por dilataciones, mala alineación, cojinetes grandes, etc. | | c | | | | 9 | 11 |
| | | | d | | | | 9 | 11 |
| Juego Mediano | Piezas que giran o se deslizan con una buena lubricación | | e | | 7 | 8 | 9 | |
| | | | f | 6 | 6-7 | 7 | | |
| Juego Pequeño | Piezas con guía y movimientos de pequeña amplitud | | g | 5 | 6 | | | |
| Ajuste Exacto | | | h | 5 | 6 | 7 | 8 | |
| Apriete Pequeño | El ensamble se puede hacer a mano, la unión no puede transmitir esfuerzos. Se puede montar y desmontar | Ensamble a mano | j | 5 | 6 | | | |
| | | | k | 5 | | | | |
| Apriete Mediano | | Ensamble a mano con maceta | m | | 6 | | | |
| | | | p | | 6 | | | |
| Apriete Grande | Imposible desmontar sin deterioro. | Ensamble a prensa | s | | | 7 | | |
| | Imposible desmontar sin deterioro. | Ensamble a Prensa | u | | | 7 | | |
| | La unión puede transmitir esfuerzos | Prensa o por dilatación | x | | | 7 | | |

## Tabla de tolerancias para los ajustes

|  | ≤3 | >3-6 | >6-10 | >10-18 | >18-30 | >30-50 | >50-80 | >80-120 | >120-180 | >180-250 | >250-315 | >315-400 |
|---|---|---|---|---|---|---|---|---|---|---|---|---|
| H6 | +6 / 0 | +8 / 0 | +9 / 0 | +11 / 0 | +13 / 0 | +16 / 0 | +19 / 0 | +22 / 0 | +25 / 0 | +29 / 0 | +32 / 0 | +36 / 0 |
| H7 | +10 / 0 | +12 / 0 | +15 / 0 | +18 / 0 | +21 / 0 | +25 / 0 | +30 / 0 | +35 / 0 | +40 / 0 | +46 / 0 | +52 / 0 | +57 / 0 |
| H8 | +14 / 0 | +18 / 0 | +22 / 0 | +27 / 0 | +33 / 0 | +39 / 0 | +46 / 0 | +54 / 0 | +63 / 0 | +72 / 0 | +81 / 0 | +89 / 0 |
| H9 | +25 / 0 | +30 / 0 | +36 / 0 | +43 / 0 | +52 / 0 | +62 / 0 | +74 / 0 | +87 / 0 | +100 / 0 | +115 / 0 | +130 / 0 | +140 / 0 |
| H11 | +60 / 0 | +75 / 0 | +90 / 0 | +110 / 0 | +130 / 0 | +160 / 0 | +190 / 0 | +220 / 0 | +250 / 0 | +290 / 0 | +320 / 0 | +360 / 0 |
| g5 | -2 / -6 | -4 / -9 | -5 / -11 | -6 / -14 | -7 / -16 | -9 / -20 | -10 / -23 | -12 / -27 | -14 / -32 | -15 / -35 | -17 / -40 | -18 / -43 |
| h5 | 0 / -4 | 0 / -5 | 0 / -6 | 0 / -8 | 0 / -9 | 0 / -11 | 0 / -13 | 0 / -15 | 0 / -18 | 0 / -20 | 0 / -23 | 0 / -25 |
| j5 | +2 / -2 | +2.5 / -2.5 | +3 / -3 | +4 / -4 | +4.5 / -4.5 | +5.5 / -5.5 | +6.5 / -6.5 | +7.5 / -7.5 | +9 / -9 | +10 / -10 | +11.5 / -11.5 | +12.5 / -12.5 |
| k5 | +4 / 0 | +6 / +1 | +7 / +1 | +9 / +1 | +11 / +2 | +13 / +2 | +15 / +2 | +18 / +3 | +21 / +3 | +24 / +4 | +27 / +4 | +29 / +4 |
| f6 | -6 / -12 | -10 / -18 | -13 / -22 | -16 / -27 | -20 / -33 | -25 / -41 | -30 / -49 | -36 / -58 | -43 / -68 | -50 / -79 | -56 / -88 | -62 / -98 |
| g6 | -2 / -8 | -4 / -12 | -5 / -14 | -6 / -17 | -7 / -20 | -9 / -25 | -10 / -29 | -12 / -34 | -14 / -39 | -15 / -44 | -17 / -49 | -18 / -54 |
| h6 | 0 / -6 | 0 / -8 | 0 / -9 | 0 / -11 | 0 / -13 | 0 / -16 | 0 / -19 | 0 / -22 | 0 / -25 | 0 / -29 | 0 / -32 | 0 / -36 |
| j6 | +3 / -3 | +4 / -4 | +4.5 / -4.5 | +5.5 / -5.5 | +6,5 / -6.5 | +8 / -8 | +9.5 / -9.5 | +11 / -11 | +12.5 / -12.5 | +14.5 / -14.5 | +16 / -16 | +18 / -18 |
| m6 | +8 / +2 | +12 / +4 | +15 / +6 | +18 / +7 | +21 / +8 | +25 / +9 | +30 / +11 | +35 / +13 | +40 / +15 | +46 / +17 | +52 / +20 | +57 / +21 |
| p6 | +12 / +6 | +20 / +12 | +20 / +15 | +29 / +18 | +35 / +22 | +42 / +26 | +51 / +32 | +59 / +37 | +68 / +43 | +79 / +50 | +88 / +56 | +98 / +62 |
| e7 | -14 / -24 | -20 / -32 | -25 / -40 | -32 / -50 | -40 / -61 | -50 / -75 | -60 / -90 | -72 / -102 | -85 / -125 | -100 / -145 | -110 / -162 | -125 / -182 |
| f7 | -6 / -16 | -10 / -22 | -13 / -28 | -16 / -34 | -20 / -41 | -25 / -50 | -30 / -60 | -36 / -71 | -43 / -83 | -50 / -96 | -56 / -108 | -62 / -119 |
| h7 | 0 / -10 | 0 / -12 | 0 / -15 | 0 / -18 | 0 / -21 | 0 / -25 | 0 / -30 | 0 / -35 | 0 / -40 | 0 / -46 | 0 / -52 | 0 / -57 |
| e8 | -14 / -28 | -20 / -38 | -25 / -47 | -32 / -59 | -40 / -73 | -50 / -89 | -60 / -106 | -73 / -126 | -85 / -148 | -100 / -172 | -110 / -191 | -125 / -214 |
| d9 | -20 / -45 | -30 / -60 | -40 / -76 | -50 / -93 | -65 / -117 | -80 / -142 | -100 / -174 | -120 / -207 | -145 / -245 | -170 / -285 | -190 / -320 | -210 / -350 |
| e9 | -14 / -39 | -20 / -50 | -25 / -61 | -32 / -75 | -40 / -92 | -50 / -112 | -60 / -134 | -72 / -159 | -85 / -185 | -100 / -215 | -110 / -240 | -125 / -265 |
| d11 | -20 / -80 | -30 / -105 | -40 / -130 | -50 / -160 | -65 / -195 | -80 / -240 | -100 / -290 | -120 / -340 | -145 / -395 | -170 / -460 | -190 / -510 | -210 / -570 |
| h11 | 0 / -60 | 0 / -75 | 0 / -90 | 0 / -110 | 0 / -130 | 0 / -160 | 0 / -190 | 0 / -220 | 0 / -250 | 0 / -290 | 0 / -320 | 0 / -360 |
| j11 | +30 / -30 | +37 / -37 | +45 / -45 | +55 / -55 | +65 / -65 | +80 / -80 | +95 / -95 | +110 / -110 | +125 / -125 | +145 / -145 | +160 / -160 | +180 / -180 |

# 4.5 TOLERANCIAS GEOMÉTRICAS

El propósito de una tolerancia geométrica es el de describir la geometría de productos y sus relaciones entre varias partes funcionales o ensambles.

Existe un lenguaje universal de símbolos en tolerancias geométricas, estas permiten a un ingeniero diseñador describir lógica y precisamente las características de partes de un modo que pueda ser precisamente manufacturado e inspeccionado.

Los beneficios de contar con tolerancias geométricas:

Pueden verse mejoras en la calidad, costo y entrega del producto final. Los símbolos y términos son universalmente aceptados para evitar confusión.

Proveen información que puede ser usada para el control de maquinaria y superficies de ensamble

Los sistemas de referencia son usados para definir los requerimientos del diseño en relación con las dimensiones del componente y sus subsecuentes partes ensambladas.

Las tolerancias geométricas se pueden simples y aquellas que están relacionadas a una referencia. En las figuras siguientes se muestra una clasificación general.

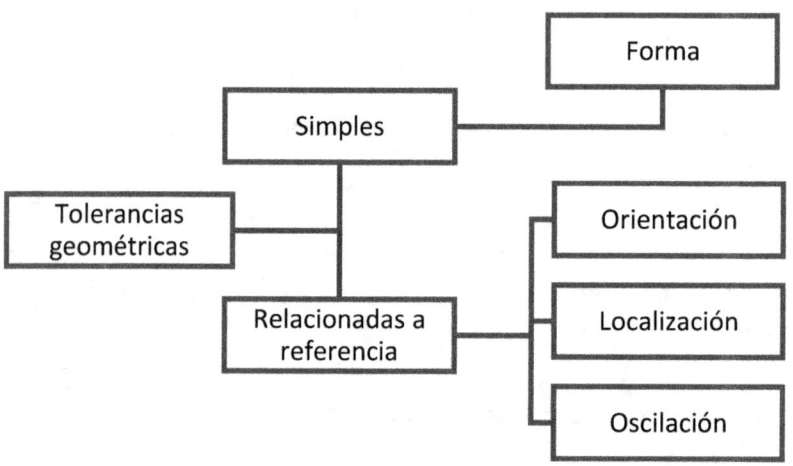

Clasificación de las tolerancias geométricas de acuerdo con la referencia.

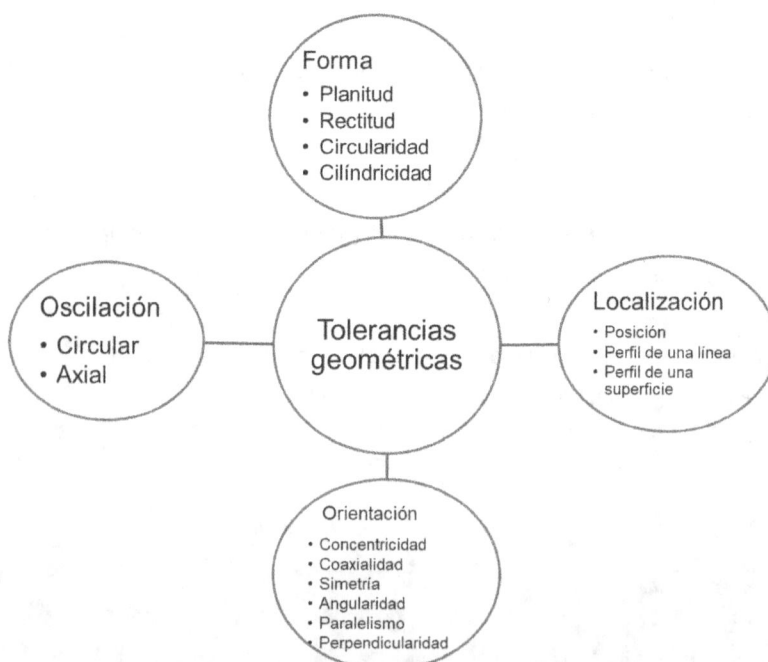

Tolerancias geométricas de forma y con base a referencias.

## METROLOGÍA

**Especificaciones de la referencia**

Las especificaciones de las referencias pueden ser identificadas de los dibujos de componentes, estas son normalmente expresadas en los dibujos por un triángulo. La identificación se hace normalmente por una letra mayúscula junto con su entidad de referencia correspondiente.

Las referencias se posicionan en los dibujos técnicos de diferentes maneras dependiendo de los requerimientos específicos y funcionalidad de las entidades.

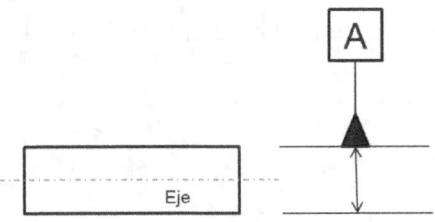

Referencia al eje

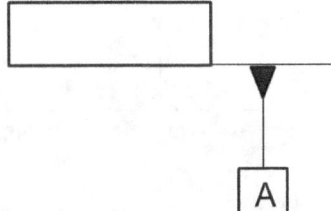

Referencia a la superficie

Se utilizan también puntos específicos para establecer una referencia. Estos marcos de referencia objetivos son usados para definir puntos, líneas o áreas donde los puntos de medida deben definirse para crear un sistema de coordenadas.

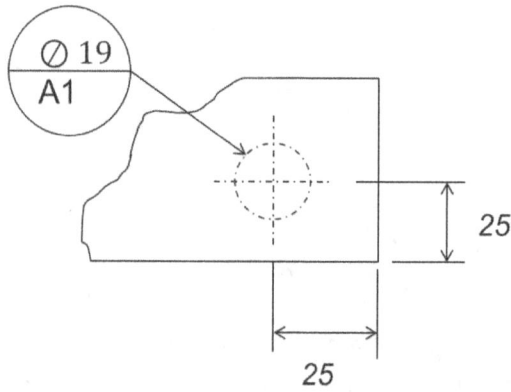

Para medición, es preferible seleccionar como referencias las superficies que son usadas para sostener el componente en el proceso de la manufactura. Esta selección se relaciona a los resultados de inspección directamente al proceso de manufactura.

**Marcos de tolerancias**

Los marcos de control de entidades o marcos de tolerancias es un marco rectangular dividido en una serie de compartimentos que contienen información de requerimientos técnicos de las dimensiones a ser manufacturadas o medidas.

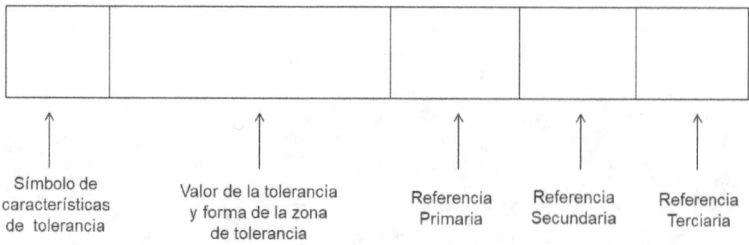

# METROLOGÍA

**Entidades geométricas**

Las entidades geométricas son representadas por una serie de símbolos que pueden ser usadas para describir los requerimientos de diseño a ser manufacturados o medidos.

**Tolerancias de forma**

Circularidad (redondez):

Indica que dos círculos concéntricos limitan la zona de tolerancia especificada

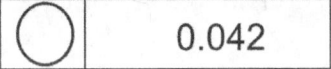

Cilindricidad

La tolerancia de cilindricidad especifica una zona de tolerancia limitada por dos cilindros concéntricos dentro de los cuales la superficie real debe quedar.

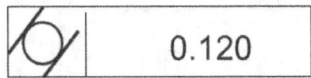

Rectitud:
Especifica una zona de tolerancia limitada por dos líneas paralelas.

Planitud:
Esta tolerancia especifica una zona limitada por dos planos paralelos.

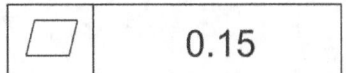

Perfil:

Esta tolerancia es un método para controlar superficies irregulares, líneas, arcos o planos normales. Puede ser aplicado a elementos lineales individuales o a superficies enteras. Especifican un límite uniforme a lo largo del perfil verdadero dentro del cual los elementos de la superficie pueden caer.

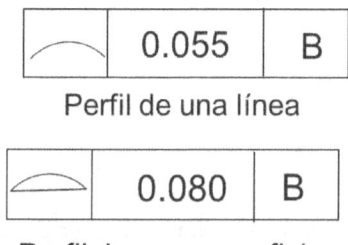

Perfil de una línea

Perfil de una superficie

Tolerancia de posición

Las tolerancias de posición indican la variación permisible en la localización de una entidad en relación con otra entidad o referencia (localización, simetría y concentricidad).

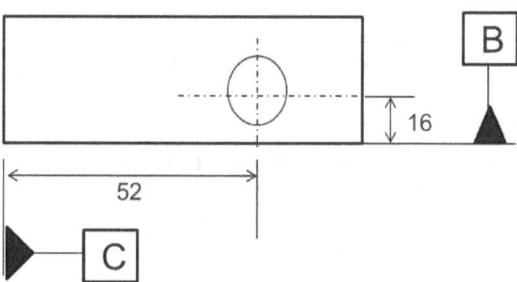

Una tolerancia de posición es la variación permisible total en la localización de una entidad con respecto a su localización teóricamente exacta respecto a la referencia

# METROLOGÍA

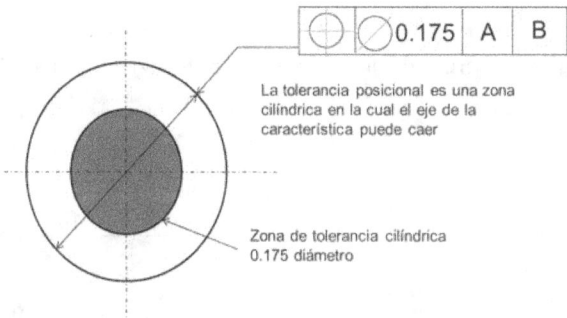

## Concentricidad / Co-axialidad

La zona de tolerancia de concentricidad y co-axialidad está relacionada al punto central de dos entidades (concentricidad) o al eje central de dos entidades (co-axialidad) como en círculos y cilindros respectivamente.

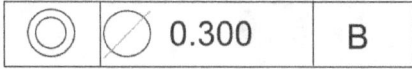

## Simetría

Para funciones que no tienen forma cilíndrica, como ranuras, la tolerancia posicional es el ancho total de la zona de tolerancia en la cual el plano central de la entidad debe caer.

| = | 0.175 | H |

## Paralelismo

La zona de tolerancia de paralelismo puede ser definida por el uso de dos planos o dos líneas paralelas de plano o eje de referencia.

| // | 0.250 | B |

## Perpendicularidad

La zona de tolerancia perpendicular puede ser definida por el uso de dos planos o líneas perpendiculares a un plano o eje de referencia.

| ⊥ | 0.250 | B |

## Angularidad

La angularidad es la condición de una superficie o eje a un ángulo especificado de un plano o eje de referencia. Dos planos paralelos a un ángulo especificado relativo a un plano o eje de referencia definen la zona de tolerancia.

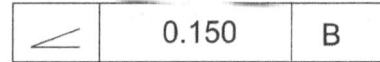

| ∠ | 0.150 | B |

# 4.6 INSTRUMENTOS DIMENSIONALES TRADICIONALES

En forma tradicional, la medición dimensional de componentes mecánicos representa usar instrumentos como:
- Reglas,
- calibradores,
- micrómetros
- bloques patrón
- otros artefactos de referencia

La técnica tradicional generalmente implica tomar muestras de pocos puntos o en estimar el cambio en la lectura de un indicador de carátula cuando se mueve por una superficie.

Actualmente se han reemplazado estas técnicas tradicionales con el uso de máquinas de medición por coordenadas (MMC). Las técnicas modernas permiten la cobertura casi completa de la superficie y facilitan la determinación de los errores de forma.

## 4.7 REGLAS

Para mediciones rápidas y sin mucha exactitud, las reglas son barras de acero de sección rectangular, generalmente con un chaflán en una de sus caras sobre la cual se han grabado las divisiones en milímetros y en 0.5 milímetros o también en pulgadas con divisiones en 16, 32 o 64 partes. Son de longitud variable llegando en algunos casos hasta más de 1.5 m de largo. Son de utilidad para efectuar mediciones directas con una precisión del medio milímetro. También se utilizan para el trazado de rectas, en cuyo caso no requieren estar graduadas, o si lo están, la graduación es de menor precisión, debiendo cumplir con la condición de tener una excelente rectitud.

Existen diferentes tipos de reglas:

- Rígidas o flexibles
- De acero
- Graduadas en:
  - Pulgadas: fracciones o decimales
  - Métricas: en milímetros o medios milímetros

Su lectura es sencilla y directa. Es recomendable tomar las lecturas en forma perpendicular a la indicación de la regla para evitar errores de paralaje.

La indicación de una regla con divisiones en milímetros es fácil de leer, una regla graduada en divisiones de fracciones de pulgada requiere de cierta práctica para determinar su lectura. Ver figura.

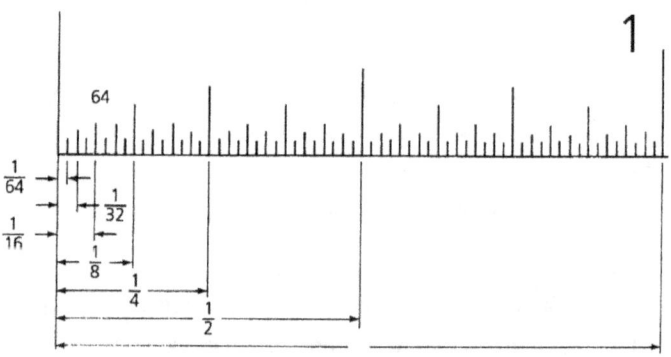

Divisiones de una regla graduada en fracciones de pulgada.

Ejemplos de reglas en facciones de pulgada

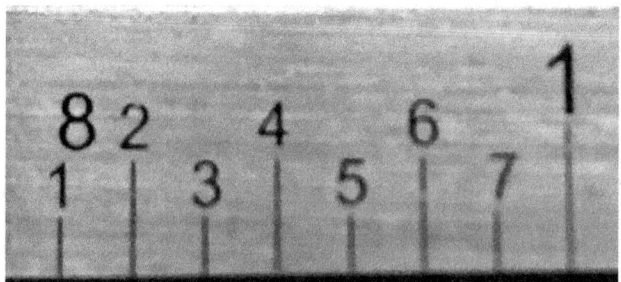

En 1/8

METROLOGÍA

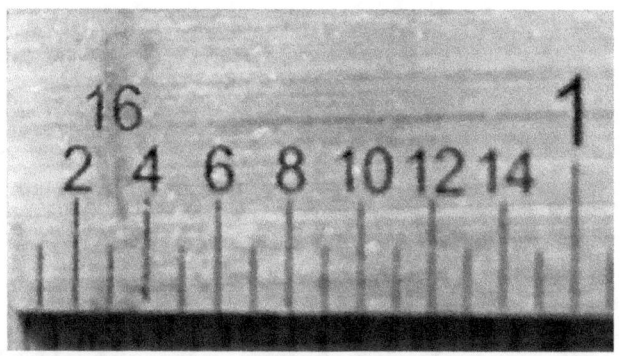
En un 1/16

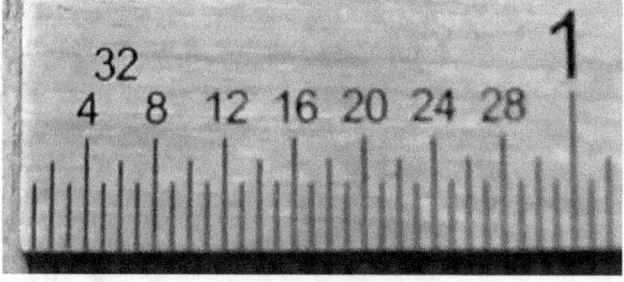
En 1/32

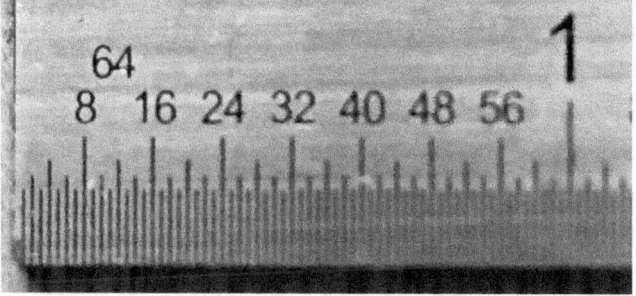
En 1/64

# 4.8 CALIBRADOR

El calibrador consta de una estructura soporte en forma de L en cuyo tramo más largo cuenta con superficies guía por donde se desliza el cursor o nonio y tiene una escala principal. Tiene puntas para medición interna y externa. En este cursor se encuentra el sistema de lectura que puede ser la escala del nonio, indicador de carátula o una pantalla digital. Ver figuras. Existen calibradores de diferentes formas.

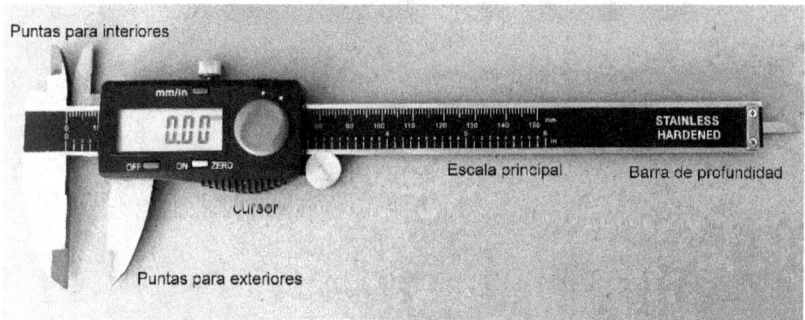

Los calibradores están disponibles en varios tamaños con alcances de medición de 100 mm a 3 000 mm. Las resoluciones típicas de medición para nonio 0.05 mm y 0.02 mm; para carátula 0.02 mm y; para digital 0.01 mm

Por su versatilidad puede medir longitudes exteriores, interiores o de profundidad. Incluso se pueden ocupar para el control de la longitud de piezas si la tolerancia lo permite.

**Calibrador tipo Vernier**

El calibrador tipo vernier, conocido como vernier o pie de rey, es un instrumento muy usando en la industria y el laboratorio. El calibrador vernier utiliza el método ideado por Vernier y Nonius, el cual consiste en utilizar una regla fija, graduada por ejemplo en centímetros y en milímetros, y una regla móvil que puede deslizarse sobre la fija y que está dividida en un número de divisiones, por ejemplo diez (10), iguales, correspondiendo a estas 10 divisiones nueve (9) divisiones de la fija; por lo tanto, la legibilidad del instrumento estará dada por la diferencia entre la menor división de la regla fija y la menor división de la regla móvil.

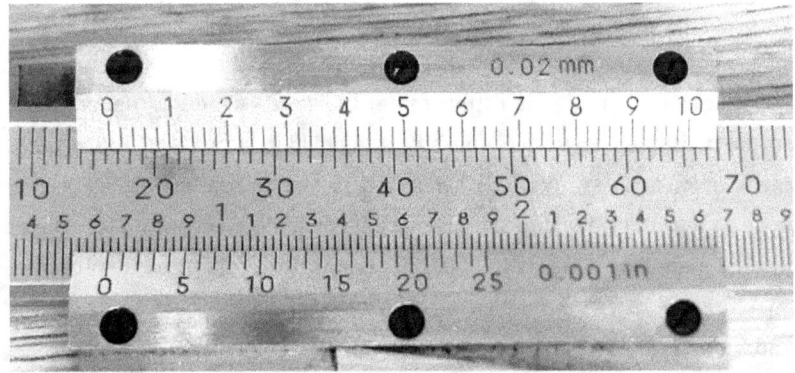

Vernier o nonio

**Legibilidad**

$$L = S - V = \frac{S}{n}$$

Donde L es la legibilidad, S es la longitud de la división mínima de la escala principal, V es la longitud de división mínima de la escala del nonio y n es el número de partes en las que se divide el nonio.

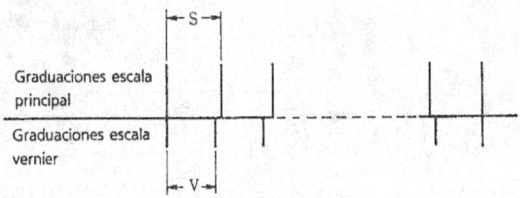

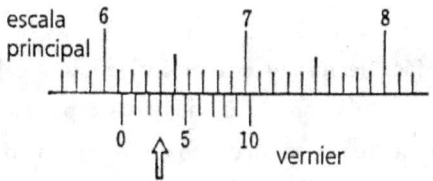

Por ejemplo, si la menor división de la regla fija o escala principal es 1 mm y el nonio o vernier está dividido en 20 divisiones, la legibilidad será: 1 mm/20 = 0.05 mm; si estuviera dividido en 25 divisiones ésta será: 1 mm/25 = 0.04 mm; si fueran 50 divisiones: 1 mm/50 = 0.02 mm.

Si las divisiones de la regla fija estuvieran en pulgadas siendo la menor 1/16″ y el número de divisiones del vernier fuera 8, la legibilidad será: (1/16″)/8 = 1/128″; Si la pulgada es dividida en diez (10) partes y a su vez a cada una de las partes se la subdivide en 4, tendremos que la pulgada se ha dividido en cuarenta (40) divisiones, correspondiendo cada una a 1/40″= 0.025″ (veinticinco milésimas de pulgada).

**Calibrador de carátula**

El calibrador de carátula permite una medición más rápida que el calibrador vernier. Utiliza un mecanismo de engrane y piñón de mecanismo de amplificación, el cual debe mantenerse limpio para evitar problemas. El anillo externo se debe girar para ajustarlo en cero cuando las puntas de medición estén cerradas.

Vernier con indicador de carátula

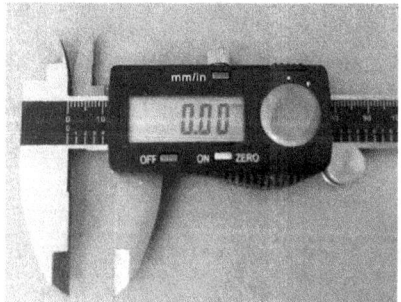
Vernier con indicador digital

**Calibrador digital**

Tiene la ventaja de fácil lectura y operación, lo que realza su operación. El calibrador digital usa generalmente un detector de capacitancia como sistema de detección de desplazamiento. Tiene un botón de cero para poner la lectura en 0.00

cuando se oprime, esto le permite tomar medidas relativas y facilitar la operación de medición.

**Precauciones durante la utilización de un calibrador**

- Selecciona el calibrador adecuado a la aplicación de acuerdo con su alcance, graduación, legibilidad y otras.
- Verifica que la calibración no ha expirado (si te interesa la trazabilidad de tus mediciones)
- Inspecciona el calibrador por daños en las superficies de medición. No se deberás usar calibradores dañados.
- Antes de medir, elimina rebabas, polvo, y rayones de las piezas a medir.
- Cuando midas mueve lentamente el cursor mientras presiona con suavidad el botón para el pulgar contra el brazo principal.
- No uses fuerza excesiva
- No midas piezas que están en movimiento
- Después de usarlo, límpialo y guárdalo con las puntas de medición ligeramente separadas

**Errores de medición con calibradores**

Los errores que ocurren en mayor o menor medida en el uso de calibradores son los siguientes:

<u>Error relacionado a la construcción del calibrador</u>
- Causado por la flexión del brazo principal
    - A lo largo de la superficie de referencia
    - A lo largo de la superficie graduada
- Desgaste en las puntas de medición
- En la medición de diámetros interiores (especialmente grande para diámetros pequeños)

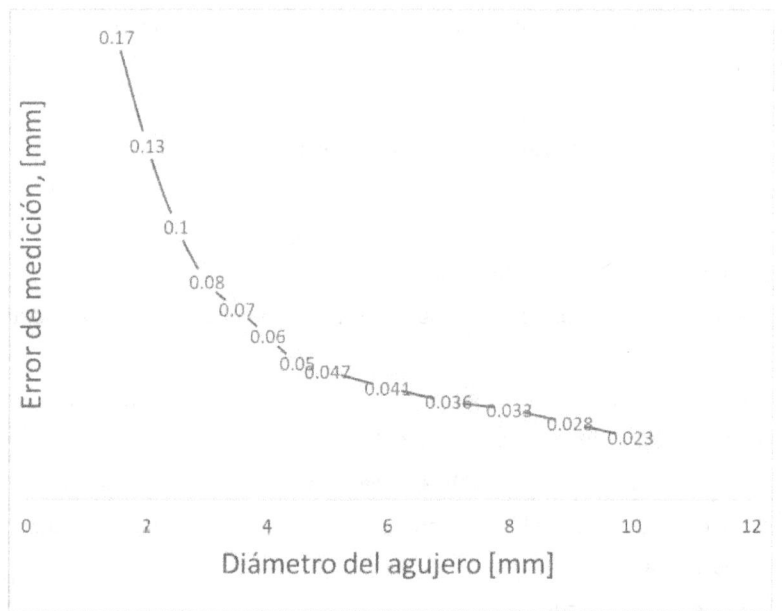

Figura. Gráfica que muestra los errores de medición con calibradores para diámetros pequeños.

Error de paralaje para calibradores vernier
- De graduación
- De la habilidad del ojo
- Paralaje

Condiciones ambientales y fuerza de medición
- Expansión térmica
- Fuerza de medición

Nota: En la referencia [Gonzalez, 2002] se pueden encontrar más detalles estos errores y como cuantificarlos.

Para minimizar algunos de estos errores se recomienda lo siguiente:
- Mueve el cursor suavemente
- No apliques fuerza excesiva
- Mide la pieza en la porción más cercana a la escala principal

- Ten precaución en el incremento de error en la medición de diámetros interiores pequeños

En la siguiente tabla se muestran los errores totales de calibradores comerciales que toman en cuenta su uso y construcción.

Errores totales en calibradores según la norma *JIS B 7507 Vernier, dial and digital callipers*

| Alcance de Medición [mm] | Resolución o legibilidad | | |
|---|---|---|---|
| | 0.1 mm | 0.05 mm | 0.02 mm |
| 150 | ±0.1 | ±0.08 | ±0.05 |
| 200 | ±0.1 | ±0.08 | ±0.05 |
| 300 | ±0.1 | ±0.10 | ±0.06 |
| 600 | ±0.15 | ±0.13 | ±0.08 |
| 1000 | ±0.20 | ±0.18 | ±0.15 |

# 4.9 MICRÓMETRO

El micrómetro es un instrumento que consta, según se muestra en la figura, de un arco o cuerpo en forma herradura, un mecanismo de tornillo graduado para producir un desplazamiento lineal debido al giro de su eje. Los componentes principales se muestran en la figura de abajo.

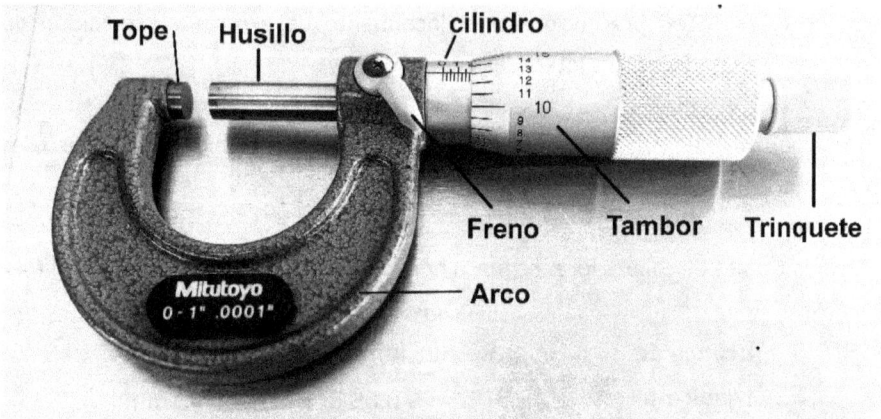

Partes de un micrómetro.

El principio de operación es simple: Al girar el tambor graduado un ángulo α se produce un desplazamiento x del husillo, este desplazamiento es proporcional al paso de la rosca del tornillo, como se muestra en la figura

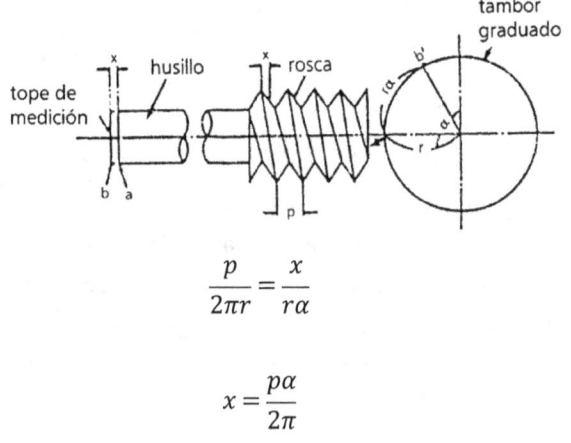

$$\frac{p}{2\pi r} = \frac{x}{r\alpha}$$

$$x = \frac{p\alpha}{2\pi}$$

Donde:
   x = desplazamiento del husillo (mm)
   p = paso de los hilos del tornillo (mm)
   α = ángulo del giro del tornillo (rad)

r = radio del tambor (mm)

En algunos modelos, en el tambor se encuentra un nonio o vernier del instrumento. Para legibilidad de 0.001mm (o 0.0001 plg), se usa el vernier sobre el cilindro, que consiste en 10 (diez) divisiones sobre la envolvente, y que abarcan una longitud de 0.09mm, es decir que la legibilidad será de 0.01mm/10 = 0.001mm. Para los micrómetros de sistema inglés el cilindro está graduado divisiones de pulgada, la cual generalmente se divide en 40 (cuarenta) partes correspondiendo cada una a 0.025". Cada 4 (cuatro) divisiones se numera a partir de cero la graduación longitudinal, correspondiendo cada numeración a 0.1". El tambor tiene 25 divisiones, siendo la legibilidad 0.025" /25 = 0.001". También presenta un vernier sobre el cilindro que le da una legibilidad de 0.001" /10 = 0.0001".

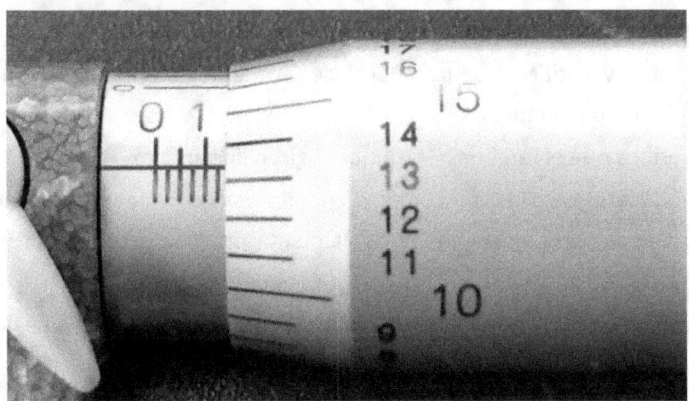

Cilindro de micrómetro en sistema inglés

Existen diferentes tipos de micrómetros además del estándar como el que tiene tope esférico para medir espesores de pared de tubos con diámetros externos no circulares. Existen otros que son especiales para medir ranuras en ejes y canales cuyo tope y husillo son más delgados que el estándar. Para medir espesores de papel, los cuales tienen discos en el tope y husillo.

**Micrómetros digitales**

Los micrómetros con lecturas digitales normalmente incorporan un encoder rotatorio capacitivo o fotoeléctrico que detecta la rotación y la convierte en una lectura digital del desplazamiento del husillo. La resolución o legibilidad típica es de 0.001 mm.

La mayor ventaja de estos instrumentos es su facilidad de lectura que evita errores humanos en el uso de los micrómetros convencionales. Tienes que cuidar que las unidades sean las adecuadas y que no exista una desviación debido a poner inadvertidamente en cero la pantalla.

**Cuidados y usos del micrómetro**

- Selecciona el micrómetro que mejor se adapte a la aplicación, su alcance, graduación y otras especificaciones.
- Limpia y verifica que las superficies a medir estén limpias y no tengan rebabas o ralladuras.
- Verifica que el tambor y el trinquete giren libremente.
- Verifica el cero del micrómetro cuando esté completamente cerrado, en caso contrario ajusta con la herramienta provista o con el botón cero en micrómetros digitales.
- Evita errores de paralaje al leer la escala directamente arriba de la misma.
- Nunca midas piezas en movimiento
- Avanza el desplazamiento del husillo únicamente moviendo el tambor.
- No intentes girar el tambor cuando el micrómetro tiene el freno.
- Toma lectura del primer click del trinquete

# 4.10 OTROS INSTRUMENTOS DE MEDICIÓN DIMENSIONAL

# METROLOGÍA

**Mediciones angulares**

Para mediciones angulares prácticas en ingeniería, el sistema de unidades sexagesimal, es usado casi exclusivamente, los radianes se ocupan más en diversas relaciones en ingeniería.

*Sistema sexagesimal:*
- 1 ángulo recto=90 grados (°)
- 1 grado = 60 minutos (')
- 1 minuto = 60 segundos (")

Radianes

El radián es el ángulo subtendido por un arco de un círculo de longitud igual al radio.

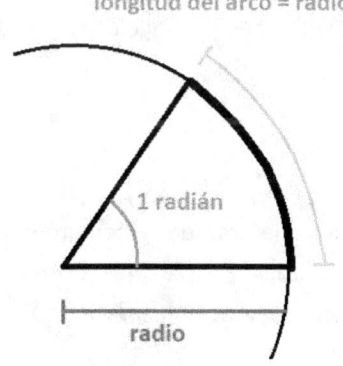

1 radián es alrededor de 57.2968°

Figura. Medición circular de un ángulo

**Falsas escuadras**

Las medidas angulares se efectúan utilizando falsas escuadras formadas por barras de acero inoxidable con elementos de unión que las hacen adecuadas para colocarlas en posición conveniente y así poder medir o inspeccionar ángulos y además para transportar medidas de una pieza cualquiera.

### Goniómetros

Funcionan de manera similar a una falsa escuadra, pero poseen un *transportador* en el cual se puede leer directamente el ángulo. Uno de los más sencillos está constituido por un semicírculo graduado (transportador) y un brazo móvil que tiene un índice señalador de ángulo. El brazo móvil puede girar teniendo como eje el centro del semicírculo. Están fabricados de acero inoxidable. El goniómetro universal está formado por dos reglas una de ellas provista de un borde graduado y la otra de un vernier circular y de un anillo dentro del cual puede girar el limbo o disco graduado de la primera regla. Poseen un tornillo de fijación que permite inmovilizar las reglas en una posición determinada. La regla que posee el vernier tiene una longitud típica entre 200 mm a 300 mm. El borde está graduado en ambas direcciones y pueden medirse ángulos según convenga a la derecha o izquierda.

### Escuadras

Las escuadras son elementos de trazado y comprobación de ángulos; existen distintos tipos según su aplicación: escuadra recta (de 90°): se utiliza para comprobar piezas de paralelepípedos; escuadra a 120° que sirve para controlar piezas hexagonales.

### Regla Universal

Es un instrumento compuesto, que consta de una regla milimetrada en la cual puede insertarse un disco con un limbo graduado en grados formando un goniómetro; posee además una escuadra angular que en conjunto con la regla permite la obtención de los centros de piezas cilíndricas y sirve para marcar, transportar y obtener ángulos, centros de piezas cilíndricas y alturas o profundidades.; por último, cuenta con otra escuadra angular que con la regla permite obtener ángulos de 45° y 90°. Ésta última cuenta con niveles para la nivelación del instrumento al efectuar las mediciones.

Regla con escuadra para centros de cilindros

Regla con escuadra a 90° y 45° con nivelador de burbuja

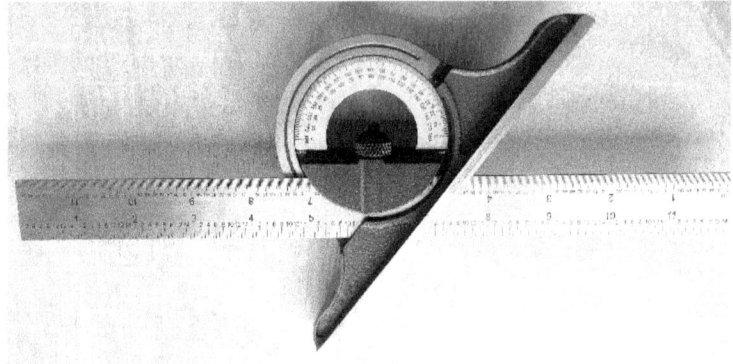

Regla con goniómetro

**Comparadores de carátula**

Se utilizan para comparar medidas que deben encontrarse dentro de cierto intervalo o tolerancia.

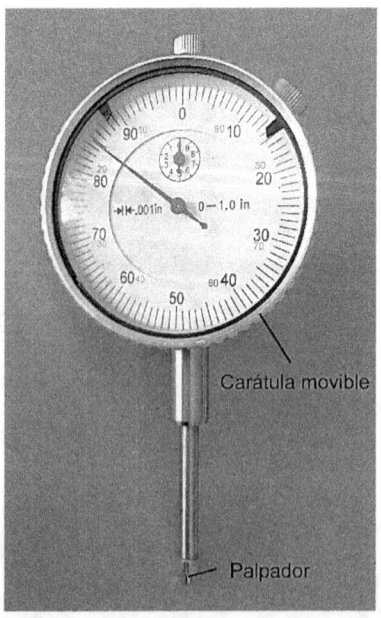

Los más comunes son los de reloj o dial que consisten en un aparato de carátula que transforma el movimiento rectilíneo de los contactos o *palpadores* en un movimiento circular, el cual puede observarse en un cuadrante de reloj que se encuentra dividido en varias partes, siendo los más comunes los que se encuentran divididos en 100 partes, correspondiendo cada división a 0.01 mm. El comparador se usa para verificar piezas con una mesa y soportes adecuados y con una barra o cremallera que permite el desplazamiento del comparador. La aguja del reloj puede desplazarse para ambos lados, según la medida sea menor o mayor que la que se considera nominal o correcta. Por este motivo vienen con un signo (+) y uno (-) para indicar para qué lado se mueve la aguja. Tienen el disco graduado giratorio, lo que permite, luego de obtenida una medida, colocar en cero la posición de la aguja, cualquiera sea la posición angular de ésta. Tienen un contador de revoluciones que indica cuantas vueltas dio la aguja.

**Calibres de tolerancia**

Existen comparadores sólidos llamados calibres de tolerancias o fijos, para el control de piezas que se fabrican en serie y que deben tener una cierta medida dentro de las tolerancias permitidas. Generalmente, estas piezas se fabrican para ensamblarse con otras o para reemplazar a las gastadas, deben ser completamente intercambiables Estos calibres son del tipo de "pasa" y "no pasa", es decir que permiten pasar, o que no pasen, piezas que tienen una cierta medida, dentro de las tolerancias permitidas. Algunos de estos calibres son los que a continuación se detallan:

Calibres para pernos o ejes

En este caso el eje debe pasar en una de las mandíbulas del calibre y no pasar en la otra

Calibres para agujeros cilíndricos

Para que la pieza esté dentro de tolerancia, el calibre podrá penetrar con uno de sus pernos calibrados en el agujero, y el otro no podrá penetrar el mismo.

Calibres para roscas
Los calibres para roscas son similares a los calibres para ejes y para agujeros cilíndricos, nada más que vienen con roscas pasa y no pasa, para cada tipo de rosca y para roscas interiores y para roscas exteriores.

Estos calibres son construidos de aceros especiales con resistencia al desgaste, con superficies cementadas expuestas al rozamiento con las piezas a medir. Tienen alta rigidez y las zonas de contacto son maquinadas y pulidas con gran precisión.

Calibres para radios

Son calibres para verificar perfiles. Son de acero laminado duro, inoxidable y satinado contra óxidos. Están construidos de diferentes radios, tanto para superficies circulares internas como externas.

Galgas o calibres de espesores

consisten en delgadas hojas de acero que varían de espesor y sirven para medir ranuras estrechas, entalladuras o espacios entre superficies que no están en contacto, pero sí muy cercanas. Están construidas generalmente de espesores de 5 a 50 centésimas de milímetros, o en pulgadas desde 0.002" a 0.025". Forman un paquete que se despliega en forma de abanico según la galga que se desea utilizar. Cada hoja trae impreso el espesor que posee.

Calibres para alambres.

Es especialmente útil para electricistas y otros profesionales para calibrar láminas, placas y alambres de metal no ferrosos como cobre, latón, aluminio, etc. Tiene un acabado satinado y templado.

Peines o calibres para roscas

consisten en un juego de plantillas, denominadas también cuenta hilos, que tienen la forma de las distintas roscas, tanto para interiores como para exteriores. Se construyen para roscas Métricas (Internacional 60°), Whithworth (55°) y S.A.E. En cada plantilla está impreso el valor del paso que corresponde.

## 4.11 INSTRUMENTOS DE MEDICIÓN MODERNOS

Máquinas de medición por coordenadas

Las máquinas de medición por coordenadas, MMC (o CMM en inglés) en su más simple forma está construido de tres ejes lineales móviles que permiten que la punta esférica del palpador se mueva en direcciones mutuamente ortogonales y pueda tocar el objeto a medirse. La posición de cada punto de medición se registra en cada uno de los tres ejes y se realizan correcciones sobre el tamaño del diámetro de la punta del palpador y los propios errores de la máquina.

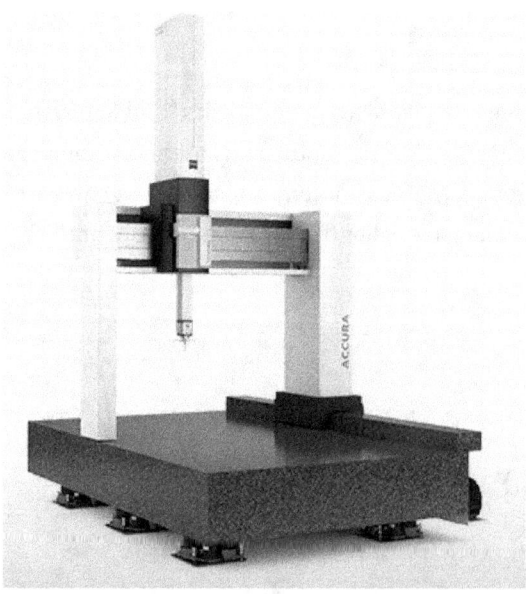

Máquina de Medición por coordenadas (tomada de www.zeiss.com.mx)

El alcance de las MMC va desde pequeñas utilizadas en talleres con un especio cubico de 300 mm por lado hasta tan grandes usadas en la industria aeroespacial de hasta 20 m en el eje principal.

Brazos articulados

Como alternativa menos exacta a las MMC, los brazos articulados usan una serie de brazos y juntas rotatorias para genera libertad de movimiento al palpador dentro del espacio hemisférico de trabajo.

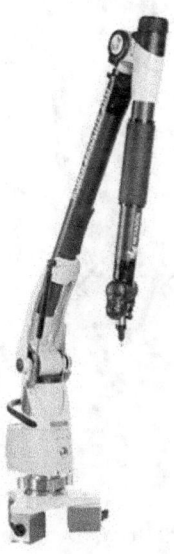

Brazo articulado (tomado de www.hexagonmi.com)

Escáner Láser (Laser Tracker)

Los escáneres láser consisten de un interferómetro láser que mide la distancia radial a un retro-reflector montado esféricamente y dos codificadores de ángulo que miden la inclinación del azimutal y la elevación del haz del interferómetro. La coordenada esférica resultante se usa para registrar las coordenadas de puntos de interés y se transforman a coordenadas cartesianas para mayor conveniencia de los operadores y diseñadores.

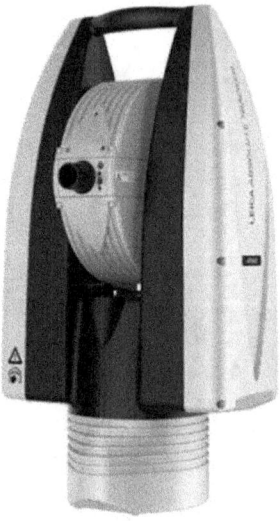

Láser tracker portátil (tomado de www.hexagonmi.com)

## EJERCICIOS Y PROBLEMAS DEL CAPÍTULO

Te acaban de contratar como ingeniero, y tu primera tarea es seleccionar los instrumentos más adecuados para las siguientes aplicaciones y justificar tu selección. Usa los catálogos de los fabricantes de instrumentos al final de este capítulo.

a) Verificar el maquinado de un cubo con caras contiguas perpendiculares
b) Verificar el radio de un canal semicircular
c) Medir un ángulo de una pieza que está montada en una fresadora y de la cual es difícil tomar una lectura directa.
d) Verificar el ángulo de una de las caras de una pieza con respecto a una superficie de referencia. Se requiere que la medición sea de la mayor exactitud.

e) La separación entre electrodos en una bujía de encendido para un sistema de calentamiento de gas.

# DÓNDE APRENDER MÁS

Gonzalez Muñoz Héctor. Incertidumbre en la calibración de calibradores tipo vernier. Publicación del CENAM. 2001

En internet:

Literatura de productos Mitutoyo:
http://www.mitutoyo.com/literature/

Productos de Metrología de Karl Zeiss:
https://www.zeiss.com.mx/metrologia/home.html

Productos de Metrología de Hexagon:
www.hexagonmi.com

Víctor Martínez Fuentes

# 5. MEDICIONES ELÉCTRICAS

Los dispositivos de medición de magnitudes eléctricas están casi en todas partes. Por ejemplo, hace tiempo un automóvil típico estaba equipado con varios sistemas de medición para detectar el nivel de combustible, la velocidad del vehículo o la temperatura del motor. Actualmente, docenas de varios sensores se instalan en cada automóvil nuevo. Desde sensores de rotación de ruedas en los sistemas ABS de frenado, hasta sensores ultrasónicos de barreras para la marcha en reversa del vehículo.

La información acerca del valor medido se transmite con mucha frecuencia por señales eléctricas. Los parámetros de tales señales como la amplitud, frecuencia, fase, etc., se pueden usar para medir la magnitud investigada.

En la tabla 5.1 se dan las unidades de medición en el SI de magnitudes que más se usan en mediciones eléctricas. Conviene aclarar que estas unidades están definidas en México por la norma oficial mexicana (obligatoria) NOM-008-SCFI-2002, Sistema General de Unidades de Medida y que en otros lugares si está permitido usar el nombre de la magnitud "voltaje" y "amperaje" para la tensión y corriente eléctrica respectivamente, aquí no se recomienda su uso.

Tabla 5.1 Unidades de los sistemas de medición de magnitudes eléctricas.

| Símbolo | Unidad | Magnitud |
|---|---|---|
| V | volt | Tensión eléctrica, diferencia de potencial, fuerza electromotriz |
| A | ampere | Intensidad de corriente eléctrica |
| Ω | ohm | Resistencia |
| C | coulomb | Carga |
| s | segundo | Tiempo |
| W | watt | Potencia |
| F | farad | Capacitancia |
| Hz | $s^{-1}$ | Frecuencia |
| K | kelvin | Temperatura |

En general, podemos dividir las señales eléctricas en analógicas y digitales. Las señales eléctricas analógicas consisten de una secuencia infinita de valores que varían con el tiempo, mientras que las señales eléctricas digitales consisten de una secuencia finita de números con intervalo igual a una cuenta, representando un *bit* de información. La palabra bit es una abreviación de "**b**inary dig**it**". Un bit puede tomar valores de cero o uno, verdadero o falso. En nuestra era, muchas de las señales son de tipo digital.

En este capítulo se describirá el principal instrumento para mediciones eléctricas, tal como el multímetro de uso general. También se describirá el osciloscopio como instrumento para visualizar y medir señales que no son constantes en el tiempo.

# 5.1 EL MULTÍMETRO

Un multímetro es una "regla" electrónica para realizar medidas eléctricas y fundamentalmente un multímetro mide tensión eléctrica en volts, corriente en amperes, y resistencia eléctrica en ohm.

Existen dos tipos de multímetros:
    I. Digitales
    II. Analógicos

Los tradicionales instrumentos analógicos son dispositivos electromecánicos de indicación. Pueden trabajar sin fuente de poder adicional y son apreciados por su aguja móvil debido a que los ojos de las personas son sensibles al movimiento. Existen algunas ventajas al usarlos como: simplicidad, confiabilidad y bajo precio. Las desventajas que tienen es que no tienen una salida eléctrica de señal, lo que hace necesario tener un operador durante la medición para tomar la lectura. Adicionalmente, al tener partes móviles son sensibles a la vibración, impactos, envejecimiento y desgaste. Lo económico de un dispositivo de aguja ha dejado de ser una ventaja debido a que existen dispositivos digitales muy económicos en la actualidad. Algo importante de mencionar es su baja exactitud que no es mejor que 0.5 % añadido a los errores de paralaje y a la carga eléctrica en el sistema para su funcionamiento.

En la actualidad, son más usados los multímetros digitales y por ello se les dará más atención en este capítulo.

**El Multímetro digital**

Un multímetro digital convierte las señales analógicas a una lectura digital. Un multímetro digital (DMM por sus siglas en inglés) tiene al menos 5 funciones de medición básicas:
- tensión eléctrica en corriente directa, V en c. d.
- tensión eléctrica en corriente alterna, V en c. a.
- corriente eléctrica en corriente directa, A en c. d.
- corriente eléctrica en corriente alterna, A en c. a.
- resistencia eléctrica, Ω

Algunos multímetros tienen funciones adicionales como: medición de continuidad, frecuencia, temperatura, prueba de diodos y capacitancia.}. Ver figura 5.1

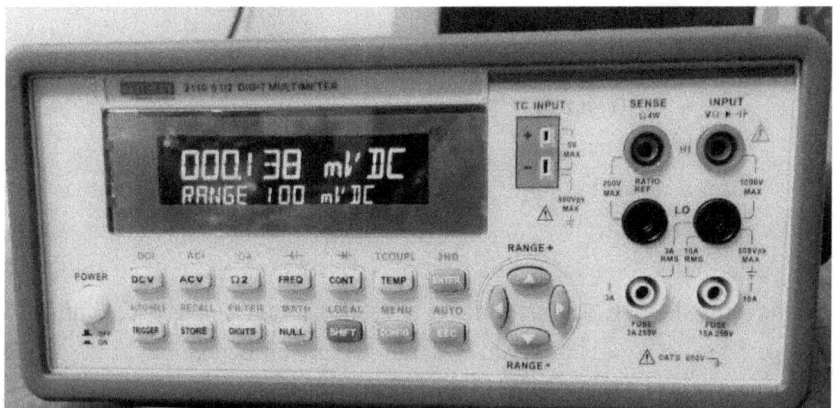

Figura 5.1 Multímetro digital de banco con funciones adicionales a las básicas.

**Conversión analógica a digital**

El componente conversor A/D de un multímetro convierte la señal analógica a una salida digital y es el responsable de las características claves del instrumento como la velocidad de lectura, linealidad, resolución, rechazo en modo normal y la precisión. La salida puede ser visual en una pantalla en el panel frontal del instrumento o digital a través de puertos como el USB, RS232, GPIB e Ethernet que posibilitan conectar el instrumento a una computadora para su posterior procesamiento. En la figura 5.2 se muestra el diagrama de bloques de un multímetro digital.

METROLOGÍA

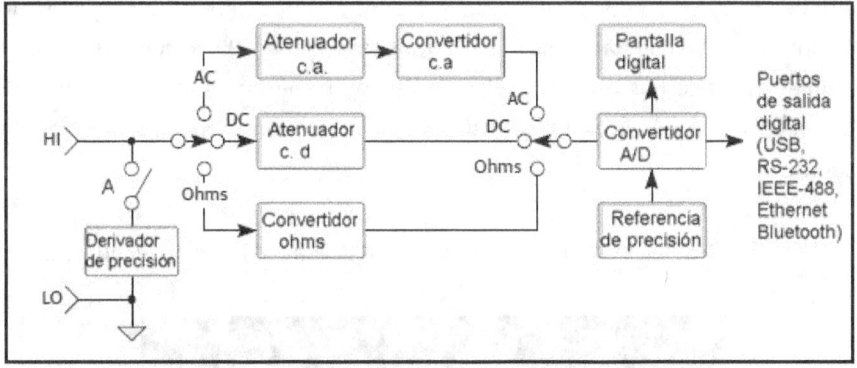

Figura 5.2 Diagrama de bloques de un multímetro digital

## 5.2 ESPECIFICACIONES DE MULTÍMETROS

En las especificaciones que acompañan a cada instrumento te puedes encontrar con información en gráficas, tablas y fórmulas que te pueden ayudar a determinar la incertidumbre de medición.

**Resolución**

La resolución en los multímetros generalmente se expresa como el cambio más pequeño que se pueda detectar referenciado a la escala completa sobre cualquier alcance. Por ejemplo, si se tiene un instrumento que en cualquier alcance tiene una lectura máxima de 19.999, el cambio más pequeño que se puede detectar en la señal es ± 1 el dígito menos significativo (LSD en inglés), entonces la resolución es 1/19999 o 0.005 %.

Es posible que resolución de instrumentos digitales también se pueda expresar como el total de números más una fracción, por ejemplo, un multímetro de 4½ dígitos puede mostrar en la pantalla cuatro dígitos completos de 0 a 9 y un 'medio' digito que puede ser un espacio vacío, 0, 1 o un 2. Un multímetro de 3½ mostrará en pantalla 1999 cuentas. Uno de 4½ mostrará hasta 19999 cuentas. Algunos multímetros modernos de 3½ pueden tener una resolución aumentada de hasta 3200, 4000, ó 6000. En la tabla 5.2 se muestra la resolución de multímetros digitales comunes.

Tabla 5.2 Resolución de instrumentos de medición digital según el número de dígitos.

| Número de dígitos | Número de cuentas | Resolución % |
|---|---|---|
| 3 | 999 | 0.1 |
| 4 | 9 999 | 0.01 |
| 4 ½ | 19 999 | 0.005 |
| 4 ¾ | 49 999 | 0.002 |

En el caso de una tarjeta de adquisición (conversor análogo a digital) es similar al de un instrumento digital. La tabla 5.3 presenta información acerca de la resolución de varios conversores analógico-digital.

Tabla 5.3 Resolución de conversores analógicos a digital según el número de bits.

| Número de bits | Número de cuentas | Resolución % |
|---|---|---|
| 8 | 256 | 0.36 |
| 12 | 4 096 | 0.024 |
| 16 | 65 536 | 0.0015 |

**Sensibilidad**

La sensibilidad es similar a la resolución en que trata con el más pequeño cambio que la entrada del instrumento puede detectar, sin embargo, no está referenciada al alcance completo, sino que está expresada en términos absolutos y se aplica al alcance más bajo de cualquier función. Por ejemplo, para un multímetro de 7 ½ dígitos podría tener una sensibilidad de 10 nV si el alcance más bajo es de 200 mV.

**Exactitud e Incertidumbre**

La incertidumbre se evalúa fácilmente a partir de la información de la exactitud estimada por el fabricante. Usualmente, el fabricante adjunta documentación detallada especificando todas las incertidumbres. En el caso de instrumentos de alta exactitud puede adjuntar el certificado de calibración o verificación de la exactitud preparado por un laboratorio acreditado.

Para un instrumento digital, la exactitud se expresa con una doble especificación:

$$\pm (\% \text{ de la lectura} + \% \text{ del alcance})$$
ó
$$\pm (\% \text{ de la lectura} + \% \text{ de la escala completa}).$$

Cuyos valores se pueden dar en las mismas unidades del valor medido o en porcentaje con respecto al alcance.

Para instrumentos de mayor exactitud es ± (ppm de la lectura + ppm del alcance) donde ppm significa *partes por millón*. La mejor exactitud se obtiene cerca de la escala completa.

Por ejemplo, para un vóltmetro de 5 ½ dígitos en el alcance de 10 V y que indica una lectura de 0.456 V, su especificación de exactitud en ese alcance es ± (0.012% lectura + 0.002% alcance) y da lugar a un valor de ± 2.54 mV. Si por ejemplo, cambiamos el alcance a 1 V, la exactitud del resultado es ± (0.012% + 0.001%) dando como resultado ± 0.064 mV. Se mejora la exactitud de la medición por más de tres veces al cambiar el alcance del instrumento.

En general, la exactitud de instrumentos de medición digital se establece bajo varias condiciones que pueden incluir el intervalo de temperatura de operación, por ejemplo: ± 2 °C ó ± 5 °C; la humedad relativa entre 40% y 60%; la frecuencia a 60 Hz; los intervalos de calibración como 24h, 90 días y un año por lo que la exactitud se puede mejorar controlando las variaciones de temperatura o calibrando en forma más frecuente. En la figura 5.3 se muestran las características de las especificaciones de medición de tensión en c. d. de un multímetro de 5 ½ dígitos como el Keithley 2110. Observa que estas especificaciones se cumplen para ciertas condiciones de temperatura, resolución, tiempo de calibración, número de lecturas en ciclo de integración, tiempo de calentamiento, etc.

| DC VOLTAGE | | | Accuracy[1] ±(% of reading + % of range) | Temperature Coefficient |
|---|---|---|---|---|
| Range | Resolution | Input Resistance | 1 Year, 23° ±5°C | 0°–18°C & 28°–40°C |
| 100.000 mV | 1 μV | | 0.012 + 0.004 | 0.001 + 0.0005 |
| 1.00000 V | 10 μV | | 0.012 + 0.001 | 0.0009 + 0.0005 |
| 10.0000 V | 0.1 mV | 10 MΩ | 0.012 + 0.002 | 0.0012 + 0.0005 |
| 100.000 V | 1 mV | | 0.012 + 0.002 | 0.0012 + 0.0005 |
| 1000.00 V | 10 mV | | 0.02 + 0.003 | 0.002 + 0.0015 |

1. Specifications valid after two hour warm-up.
   a. ADC set for continuous trigger operation.
   b. Input bias current <30pA at 25°C.
   c. Measurement rate set to 10 PLC.

Figura 5.3 Características de especificaciones para la medición de tensión en d.c. de un multímetro de 5 ½ dígitos.

Para el caso de las tarjetas de adquisición de datos (conversores análogos a digital) es similar al análisis de un instrumento digital. Su incertidumbre o exactitud esta descrita por los fabricantes en la forma:

(% de la lectura + % LSB) ó % de FSR ó ± n bits

Donde LSB es el dígito menos significativo y FSR es alcance de la escala completa.

La incertidumbre también está influida por otros factores tales como la no-linealidad, histéresis, desviación del cero y resolución. Si no se especifican estos factores puedes suponer que están incluidos en la incertidumbre total declarada por el fabricante. Figura 5.4.

El error por sensibilidad está relacionado al cambio en la amplificación debido a posibles cambios de temperatura o por envejecimiento de elementos, ver figura 5.3 en dónde las especificaciones consideran estos efectos. En el primer caso se puede incluir correcciones al resultado de la medición y en el segundo caso por un ajuste en la escala del instrumento. Los errores por linealidad se deben a la diferencia que existe entre la característica real y una línea recta, se puede reducir introduciendo una corrección. Los errores de resolución se definen como el cambio más pequeño de la señal que no se detecta por el instrumento de medición. Se debe a fuentes como ruidos, deriva del cero, interferencia, etc. Son uno de los errores más difíciles de minimizar. El efecto de histéresis puede causarse por la presencia de partes magnéticas o por fricción mecánica en instrumentos análogos. Con histéresis obtenemos diferentes resultados de mediciones que se llevan a cabo incrementando o disminuyendo la señal.

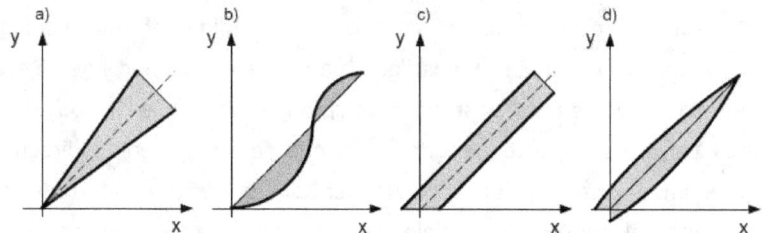

Figura 5.4 Errores típicos en el procesamiento de señales: a) error de sensibilidad b) error de linealidad, c) error de resolución, d) error de histéresis.

# 5.3 MEDICIONES ELÉCTRICAS CON MULTÍMETRO

**Ley de Ohm**

La tensión eléctrica, la corriente y la resistencia en cualquier circuito eléctrico puede calcularse usando la ley de Ohm, la cual establece que la tensión eléctrica es igual a la corriente multiplicada por la resistencia. Esto es, si conoces dos valores, el tercer puede determinarse.

Un multímetro digital usa la ley de Ohm para medir directamente y desplegar volts, amperes, y ohms.

**Medición de frecuencia**

Para la medición de tiempo y frecuencia se usa otro principio de operación. Se presenta un diagrama de bloques de un medidor de frecuencia en la figura 5.5a y un medidor de periodo en la figura 5.5b. En el caso del medidor de frecuencia el circuito de disparo de entrada convierte la señal medida a forma rectangular y comienza el conteo. La señal de un oscilador patrón de cuarzo se divide en el divisor de frecuencia lo que permite ajustar con precisión el periodo de tiempo. El número de pulsos contados en este periodo de tiempo es una medida directa de la frecuencia. En el caso del medidor de periodo, la señal de entrada abre la compuerta por el periodo o múltiplo de periodos y se cuentan los pulsos del oscilador patrón para medir el periodo.

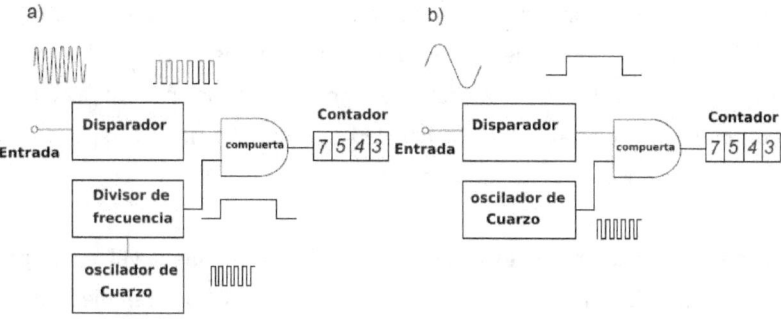

Figura 5.5 Medición digital de a) frecuencia y b) Periodo

**Medición de tensión (consideraciones)**

Una de las tareas básicas de un multímetro digital es medir tensión eléctrica. Una fuente de tensión en corriente directa (c.d.) es similar a una batería que se usa en tu auto o en tu teléfono móvil. En el mismo auto, se genera una tensión en corriente alterna (c.a.) por el alternador. Las salidas de alimentación en las paredes de las casas son fuentes comunes de tensión en corriente alterna. Cuando conectas dispositivos a estas tomas de alimentación, algunos de ellos, como las pantallas, computadoras y cargadores de baterías convierten la corriente alterna (c.a.) a corriente directa (c.d.) a través de unos dispositivos llamados rectificadores. La tensión en c.d. es lo que alimenta a los circuitos electrónicos de estos dispositivos.

En actividades de mantenimiento, es común que lo primero que se prueba es la fuente de alimentación en un circuito que presenta problemas. Si no existe tensión o si es muy alta o muy baja, se tiene que corregir antes de seguir adelante con el diagnóstico.

**Tensión de c.a.**

Las formas de onda asociadas a la tensión c.a. pueden ser sinusoidales (ondas tipo seno o coseno) o no-sinusoidales (diente de sierra, cuadradas, etc.). Los multímetros de buena calidad muestran el valor de la raíz media cuadrática, rms (*root mean square*) de la tensión de estas formas de onda. El valor rms es el equivalente del valor de tensión en c.d. de la tensión en c. a. Cuando el multímetro no cuenta con esta capacidad de medición en rms no pueden medir señales no-sinusoidales de forma exacta.

La habilidad de un multímetro al medir tensión en c.a. puede verse limitada por la frecuencia de la señal. La mayoría de los multímetros pueden medir de forma muy exacta tensiones en c.a. dentro de frecuencias que van de 50 Hz a 500 Hz, pero pueden existir multímetros que lo puedan hacer con anchos de banda de cientos de kilohertz.

**Medición de tensión (realización)**

Verifica las especificaciones del multímetro para establecer el intervalo de frecuencia con la exactitud de medición en tensión y corriente c.a.

1. Selecciona tensión en c.a. (V~) o tensión en c.d. (V⁻⁻ ), según sea el caso.
2. Conecta la punta de prueba negra en la entrada COM y la roja en la entrada V en el multímetro.
3. Si el multímetro es manual, selecciona el alcance máximo para no sobrecargar la entrada.
4. Toca con las puntas de prueba el circuito, bien en los extremos de la carga, o la fuente de alimentación (en paralelo al circuito)
5. Observa la lectura y presta atención a las unidades de medida.

# METROLOGÍA

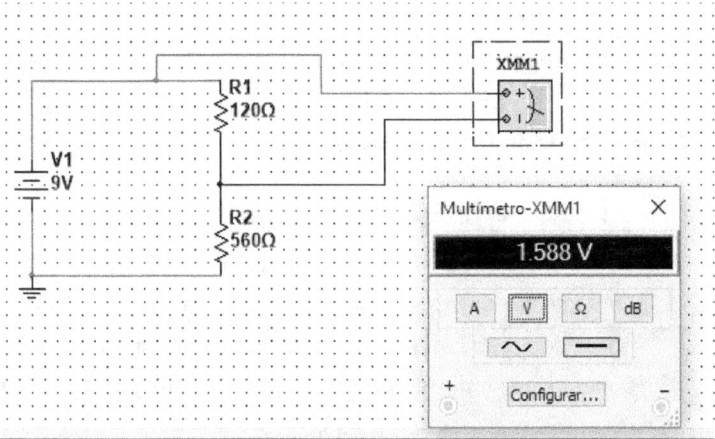

Figura 5.6 Ejemplo de medición de tensión en un circuito.

Nota: en mediciones en c.d. observa la polaridad: rojo al positivo, negro al negativo. Si conectas al revés, en un multímetro digital puede desplegar un signo negativo, pero en un multímetro análogo, corres el riesgo de dañar el medidor.

**Medición de resistencia (Consideraciones)**

La resistencia se mide en ohm, $\Omega$. En la práctica, los valores de resistencia pueden variar ampliamente, desde pocos m$\Omega$ en resistencia de contacto hasta varios cientos de M$\Omega$ para aislantes. La mayoría de multímetros puede medir alrededor de 0.1 $\Omega$ hasta casi 300 M$\Omega$. La medición de resistencia se debe realizar sin alimentación en el circuito ya que tanto el multímetro como el mismo circuito podrían dañarse.

Cuando se realizan medidas de resistencia de bajo valor, hay que descontar la resistencia de los cables de medida del valor total que se mide. Los valores típicos de la resistencia de los cables se encuentran entre 0.2 $\Omega$ y 0.5 $\Omega$, si estos valores son mayores que 1 $\Omega$, se deberán reemplazar los cables.

Es importante notar que, en algunos multímetros, la tensión de medición de resistencia es menor que 0.6 V, lo que permite medir resistores que están rodeados de diodos o uniones de semiconductor lo que permite probarlos sin necesidad de desoldarlos del circuito.

**Medición de resistencia (realización)**

1. Desconecta la alimentación del circuito a medir.
2. Selecciona el modo de medida de resistencia (Ω).
3. Conecta la punta de prueba negra en la entrada COM. Conecta la punta de prueba roja en la entrada que indica el símbolo Ω.
4. Conecta las puntas de prueba al componente o parte del circuito cuya resistencia quieres determinar.
5. Observa la lectura y presta atención a las unidades.

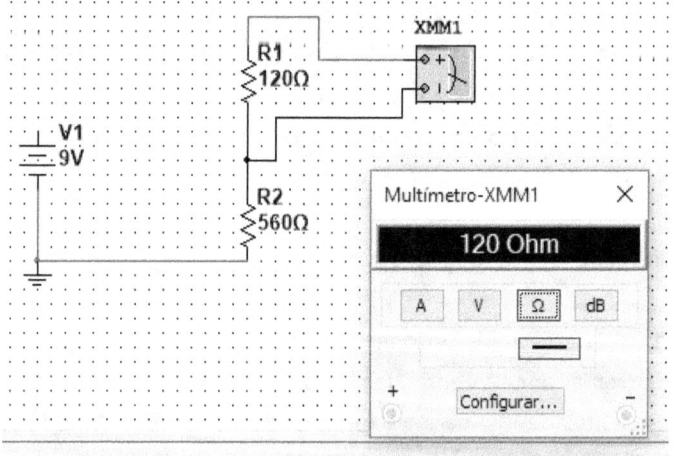

Figura 5.7 Ejemplo de medición de tensión en un circuito.

Nota: Antes de efectuar mediciones de resistencia, desconecta la alimentación al circuito o componente que vas a medir

**Medición de resistencia**
**(prueba de continuidad y diodos)**

# METROLOGÍA

La **prueba de continuidad** determina si un conductor, circuito o conexión se encuentra abierto o en cortocircuito. Un multímetro con indicación acústica de continuidad pitará en caso de cortocircuito y no lo hará en caso de circuito abierto. El nivel de resistencia requerida para disparar el pitido varía de acuerdo con el modelo de multímetro.

**Mediciones de intensidad de corriente (consideraciones)**

Las mediciones de corriente son diferentes de las otras mediciones con multímetro ya que requieren que el multímetro se coloque en serie con el circuito que se va a medir. Es necesario abrir el circuito y utilizar los cables de prueba del multímetro para completar el circuito. De esta forma, la corriente circula por los circuitos internos del multímetro. Se puede emplear una sonda de gancho que se coloca alrededor del conductor evitando conectar el multímetro en serie.

**Mediciones de intensidad de corriente (realización)**

1. Desconecta la alimentación del circuito.
2. Abre o desuelda el circuito para poder conectar en serie las puntas de prueba
3. Selecciona intensidad c.a. (A ~) o c.d. (A ⁓) según se requiera.
4. Conecta la punta de prueba en la entrada de clavija COM
5. Conecta las puntas de prueba al circuito allí donde se interrumpió, de forma que la intensidad pase a través del medidor.
6. Conecta la alimentación del circuito.
7. Observa la lectura prestando atención a las unidades de medida.

Si conectas los cables de prueba al revés, se mostrará en la pantalla un signo negativo (-).

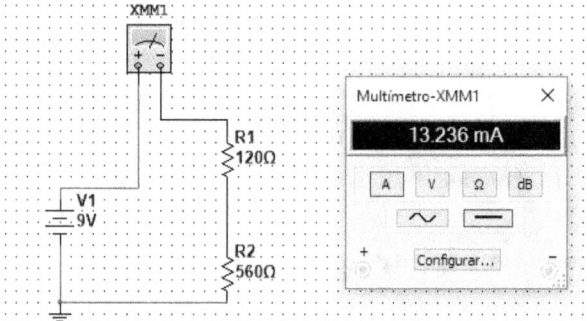

Figura 5.8 Ejemplo de medición de corriente.

**Accesorios de multímetros**

Protección de la entrada del multímetro
- Si dejas los cables de prueba conectados en las entradas de medida de intensidad de corriente, e intentas medir tensión provocará un cortocircuito en la fuente de esa tensión, daño al multímetro y posiblemente daño al operador.
- La tensión nominal de los fusibles del multímetro debe ser mayor que la máxima tensión que se espera medir.
- Selecciona la función y el alcance apropiado para su medida.
- No excedas los máximos de tensión o intensidad permitidos.

**Seguridad en la medición con multímetros**

- Lee el manual de uso del instrumento antes de utilizarlo, con atención especial a las secciones _Advertencia_ y _Precaución_.
- Usa un multímetro que cumpla con las normas de seguridad.
- Sigue todos los procedimientos en cuanto a la seguridad del equipo.
- No trabajes solo.
- Cuando midas corrientes sin utilizar pinza amperométrica, desconecta la alimentación antes de conectar el multímetro.

# METROLOGÍA

- Presta atención a las situaciones en las que existe altas intensidades o tensiones, y usa el equipo apropiado.

Tabla 5.4. Factores de conversión para expresar la resolución o precisión de un instrumento digital.

| Especificación de factores de conversión | | | | | | | |
|---|---|---|---|---|---|---|---|
| Porcentaje | PPM | Dígitos | Bits | dB | Porción de 10 V | Número de constantes de tiempo para resolver de acuerdo a la exactitud clasificada | |
| 10% | 100000 | 1 | 3.3 | -20 | 1V | 2.3 |
| 1% | 10000 | 2 | 6.6 | -40 | 100mV | 4.6 |
| 0.1% | 1000 | 3 | 10 | -60 | 10mV | 6.9 |
| 0.01% | 100 | 4 | 13.3 | -80 | 1mV | 9.2 |
| 0.001% | 10 | 5 | 16.6 | -100 | 100μV | 11.5 |
| 0.0001% | 1 | 6 | 19.9 | -120 | 10μV | 13.8 |
| 0.00001% | 0.1 | 7 | 23.3 | -140 | 1μV | 16.1 |
| 0.00001% | 0.01 | 8 | 26.6 | -160 | 100nV | 18.4 |
| 0.000001% | 0.001 | 9 | 29.9 | -180 | 10nV | 20.7 |

## 5.4 EL OSCILOSCOPIO

Desde su primera aparición en 1897 hasta nuestros días, los osciloscopios son una de las herramientas más importantes en la ingeniería y la investigación científica. En el mercado aparecieron primero los osciloscopios análogos de tubo de rayos catódicos, CRT. Posteriormente aparecieron los osciloscopios digitales con pantalla LCD (*liquid crystal display*). Los precios de los osciloscopios digitales pronto se igualaron a los análogos, pero con un desempeño mucho más versátil de tal forma que actualmente dominan el mercado.

Los osciloscopios actuales no sólo despliegan las señales eléctricas en una pantalla, debido a las escalas vertical (de amplitud de la señal) y horizontal (del tiempo) es relativamente fácil determinar los valores de la señal o el valor de tiempo, el desplazamiento de fase o la frecuencia de la señal. Sin embargo, también es posible conectar otra señal al sistema horizontal de deflexión. En tal modo de operación se puede mostrar en la pantalla la función Y=f(X).

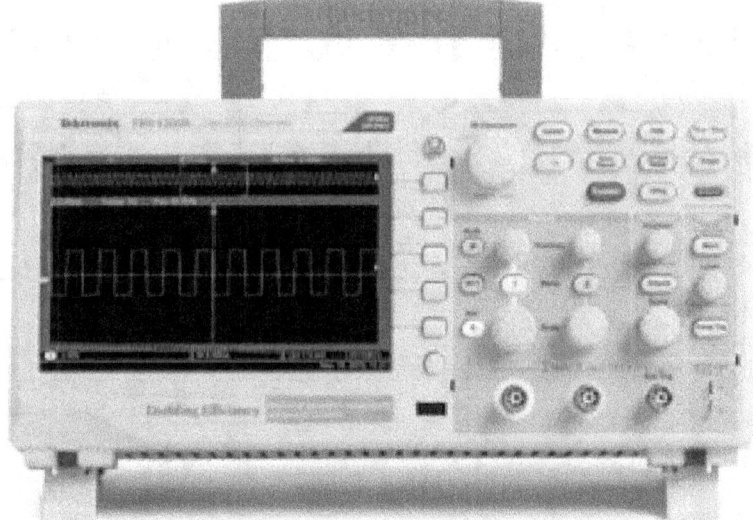

Figura 5.9 Osciloscopio digital

Así, el osciloscopio es un dispositivo de medición completo, valioso especialmente en el intervalo de altas frecuencias. Los osciloscopios digitales modernos además almacenan las señales, las analizan y desarrollan mediciones automáticas de la señal.

**Principio de Operación**

La figura 5.10 ilustra el principio del despliegue de la señal en la pantalla del osciloscopio análogo. El movimiento horizontal del punto luminoso en la pantalla se obtiene del barrido que genera un oscilador con señal diente de sierra. La imagen en la pantalla se obtiene de tal forma que, durante su movimiento horizontal, el punto es deflectado verticalmente en la pantalla de forma proporcional al valor de la señal de entrada.

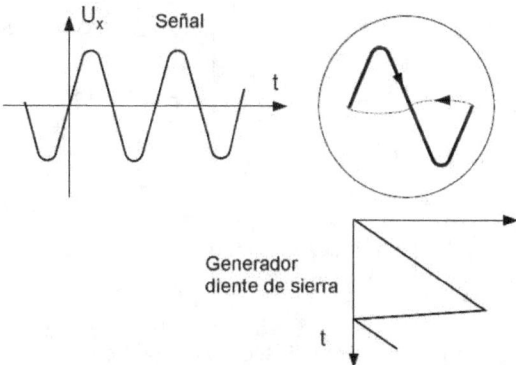

Figura 5.10 Creación de la imagen de la señal en un osciloscopio.

Si la frecuencia de la señal de entrada es mayor que varios hertz, debido a la inercia de nuestra vista, no es posible ver una imagen de la señal por lo que la función principal del osciloscopio es detener de alguna forma la imagen sobre la pantalla. Si el periodo de oscilación de la señal de diente de sierra es la misma o un múltiplo del periodo de la señal siendo analizada aparecerán imágenes sucesivas que aparentarán ser la misma lo cual crea una ilusión de que la imagen está detenida. Se dice entonces que la señal analizada está sincronizada con la señal de barrido.

En la figura 5.11 se muestra un diagrama de bloques de un osciloscopio digital típico. En este diagrama se pueden notar funciones similares a las de un osciloscopio análogo: circuitos de disparo y posición horizontal/vertical. Las principales diferencias entre un osciloscopio análogo y digital son: después de la conversión de la entrada de la señal a señal digital, todas las operaciones (procesamiento de la señal) se realizan digitalmente. Debido a su procesamiento digital estos osciloscopios están esquipados con capacidades de registro y reproducción de señales, funciones de promedio, integración de señales, valor de la frecuencia de la señal, análisis FFT (transformada rápida de Fourier), entre otros.

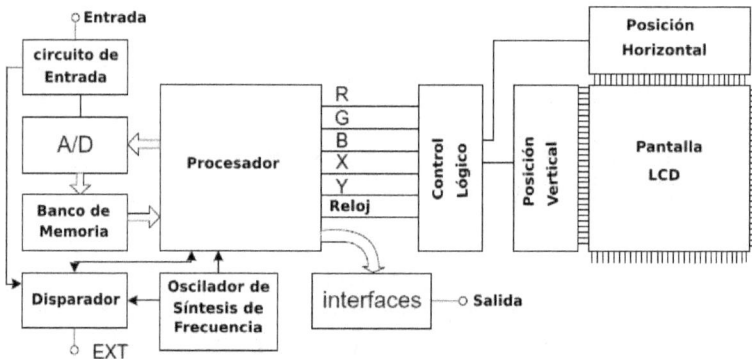

Figura 5.11. Diagrama de bloques de un osciloscopio digital típico.

**Adquisición de señales**

Cuando adquieres una señal, el osciloscopio la convierte a forma digital y despliega una forma de onda. El modo de adquisición define como se digitaliza la señal y los ajustes de la base de tiempo que afectan el alcance del tiempo y el nivel de detalle en la adquisición. Si el modo es de muestreo, el osciloscopio toma muestras en intervalos espaciados para construir la forma de onda lo que representa un modo exacto para representar la señal en la mayoría de veces. Para el modo de detección de picos el osciloscopio encuentra los valores más bajos y más altos de la señal de entrada y los usa para desplegar la señal. El ruido aparecerá más grande en este modo. En el modo promedio el osciloscopio adquiere varias formas de onda y las promedia para desplegar la forma de onda. En este modo se reduce el ruido aleatorio.

## 5.5 USO DEL OSCILOSCOPIO

Deberás adquirir familiaridad con varias funciones que se usan de forma frecuente en la operación del osciloscopio. Muchos osciloscopios tienen la función de auto ajuste y auto escala.

**Uso de auto ajuste.** Cada vez que oprimes el botón de auto ajuste, se ajusta automáticamente la escala vertical y horizontal y los ajustes del disparador, se despliega una forma de onda estable.

**Uso de auto escala.** Esta función ajusta los valores de señal que se obtienen y que exhiben cambios grandes como cuando se mueve físicamente la sonda a un diferente punto de prueba.

**Disparo.** El disparo (trigger) determina cuando el osciloscopio empieza a adquirir datos y a desplegar la señal en forma de onda en la pantalla. Cuando el disparo se ajusta correctamente, el osciloscopio convierte pantallas inestables o en blanco a formas de onda significativas.

**Posición y escalado de las formas de onda**

Puedes cambiar el desplegado de la forma de onda ajustando la escala y la posición. Si cambias la escala la forma el despliegue de la forma de onda aumenta o disminuye de tamaño, cuando cambias la posición la forma de onda se mueve hacia arriba, abajo, izquierda o derecha. Esto puede ser de utilidad para comparar dos ondas o para tener más detalle al visualizar solo un ciclo de la forma de onda.

## 5.6 TOMA DE MEDICIONES

El osciloscopio despliega gráficas de tensión eléctrica versus tiempo y puede ayudarte a medir la forma de onda desplegada. Existen varias formas de tomar mediciones: usando la retícula, el cursor y por una medición automatizada (estás dos últimas con osciloscopios digitales).

**Con retícula**

Por este método puede realizar un estimado visual rápido de la amplitud de la señal. Esto se hace contando las divisiones de la retícula involucradas en la amplitud de la señal y multiplicar por el factor de escala.

Por ejemplo, si contaste cinco divisiones mayores entre los valores máximos y mínimos de la forma de onda y sabes que el factor de escala es 100 mV/división, podrías estimar que la tensión pico-a-pico es:

5 divisiones x 100 mV/división = 500 mV

**A través de cursor.**

Se activan un par de líneas horizontales en la pantalla para acomodar la forma de onda y conocer su amplitud. Un par de líneas verticales para hacer la medición del tiempo de la forma de onda.

**En forma automática**

El osciloscopio toma mediciones por ti usando los puntos registrados de la forma de onda. Este método es más exacto que la medición usando retícula o cursor. Las lecturas se actualizan periódicamente conforme el osciloscopio adquiere nuevos datos.

## EJERCICIOS Y PROBLEMAS DEL CAPÍTULO

- Describe un diagrama de bloques de un multímetro y las funciones de cada bloque.
- ¿Qué es el dígito menos significativo? Da un ejemplo (diferente al libro)
- Describe que es sensibilidad
- ¿Cómo se especifica la exactitud en un multímetro? Ponlo en fórmula
- Demuestra que la mejor exactitud se obtiene cerca de la escala completa.

METROLOGÍA

- Que es la carga de entrada y la impedancia de entrada.
- Para medir resistencia con alta exactitud, explica por qué se requieren usar 4 hilos
- Qué significa rechazo en modo común CMRR
- Qué es la protección de sobre carga

# DÓNDE APRENDER MÁS

Norma Oficial mexicana NOM-008-SCFI-2002, Sistema General de Unidades de Medida.

Instrumentos de Metrología Eléctrica (FLUKE):
http://www.fluke.com/fluke/mxes/products/

Instrumentos de Metrología Eléctrica (Keithley): https://uk.tek.com/keithley

Instrumentos de Metrología Eléctrica
(Tektronix): https://www.tek.com/

Normas de seguridad (FLuke):

# METROLOGÍA

# 6. METROLOGÍA DE MASA

En un mundo globalizado y con gran intercambio comercial se requiere de medidas estandarizadas y válidas a nivel internacional. En este contexto, la magnitud Masa tiene un papel muy importante. Además en la ciencia, en la industria, e incluso en el hogar, la medición de la masa es fundamental. En muchos de estos lugares existe algún instrumento para pesar.

La medición de masa por ser tan común, es posible que se le de poca importancia al uso correcto de las balanzas y eso puede dar lugar a errores verdaderamente graves al medir. En este capítulo se mencionarán los cuidados al usar instrumentos para pesar y los errores que se pueden cometer durante el pesado.

Ya en el capítulo 1 definimos al kilogramo como la unidad de medida de la masa en el Sistema Internacional, SI. El kilogramo es la unica unidad que se define actualmente por medio de un artefacto o prototipo. El patrón nacional de masa en México, es el prototipo no. 21 del kilogramo, fue fabricado en 1884 similar al prototipo internacional que se encuentra en Sévres, Francia. Es un cilindro de platino iridio, (90% Pt, 10% Ir), con diámetro y altura de 39 mm. Actualmente e mantiene en el CENAM ubicado en Querétaro.

Los múltiplos y submúltipos de las unidades de masa que se usan en un instrumento para pesar son la tonelada [t], el kilogramo [kg], el gramo [g], el miligramo [mg] y el microgramo [μg].

**Definición de Masa**

La diferencia entre masa y peso es que la masa es una medida de la cantidad de material de un objeto, peso es la fuerza gravitacional que actúa sobre el objeto. Sin embargo, para propósitos comerciales frecuentemente el peso se toma para representar lo mismo que la masa.

La masa se mide utilizando una balanza, pero conviene identificar que la acción que estamos haciendo realmente es "pesar".

## 6.1 TÉCNICAS DE MEDICIÓN DE MASA

Existen diferentes técnicas de medición que dependen del pesado y los requisitos de incertidumbre requeridos por el usuario final.

**Medición directa de lecturas**

Es el más imple y es conveniente para aplicaciones de baja exactitud, pero aún deberán seguirse buenas prácticas. La balanza deberá estar calibrada periódicamente por un laboratorio acreditado y deberá hacerse una tara antes de hacer mediciones. Si tiene la función de autocalibración, deberá realizarse antes de su uso.

Para mayor exactitud, en las balanzas electrónicas, a diferencia de las mecánicas es más común la deriva temporal de sus lecturas. La deriva se corrige con la formula siguiente:

$$L_c = L - \frac{0_1 - 0_2}{2}$$

Donde
$0_1$ es la lectura inicial con una carga cero
$0_2$ es la lectura final con una carga cero
$L$ es la lectura con carga en el plato de la balanza
$L_c$ es la lectura corregida por deriva

**Pesado por diferencias**

Está técnica se usa en química analítica y consiste colocar el contenedor en el plato y luego poner la sustancia dentro de él. La lectura final es la diferencia entre las dos lecturas con la sustancia y sin la sustancia. Funciona bien para mediciones de poca exactitud debido a la deriva temporal del instrumento. Para mayor exactitud se requiere el uso de otro contenedor de referencia, similar al primero, que se pesa al inicio y al final de las mediciones y cuya diferencia de lecturas se resta a la pesada por diferencias con la sustancia y sin la sustancia en el contenedor.

## 6.2 INSTRUMENTOS PARA PESAR

**Criterios de clasificación**

Existen variso criterios de clasificación de los instrumentos para pesar, de acuerdo a varias publicaciones, normas y recomendaciones, tales como R-76 de OIML. Los mas importantes son:

**De acuerdo al tipo de instrumento:** Instrumentos electrónicos, instrumento mecánico e instrumento electromecánico o híbrido

# METROLOGÍA

**Según la naturaleza de su funcionamiento**, en automáticos y no automáticos.

**Según su alcance máximo de medición (bajo, mediano y alto alcance):** Instrumento de bajo alcance de medición, para pesar con alcance máximo igual o menor a 20 kg. Instrumento de mediano alcance de medición, para pesar con alcance máximo de más de 20 kg a 5 000 kg. E instrumento de alto alcance de medición, para pesar con alcance máximo mayor a 5 000 kg.

**Balanza**, es aquel instrumento para pesar cuya división mínima es menor que un gramo.

**Báscula**, es aquel instrumento para pesar cuya división mínima es igual o mayor que un gramo.

**De acuerdo a su clase de exactitud** los instrumentos de funcionamiento no automático se clasifican en especial, fina, media y ordinaria según la R-76 OIML.

Se presentan de mayor a menor clase de exactitud:

I. Exactitud especial
II. Exactitud fina
III. Exactitud media
IV. Exactitud ordinaria

Para representar la clase de exactitud pueden usarse óvalos de cualquier forma o dos líneas horizontales unidas por dos medios círculos.

Tabla 6.1: Tabla generalizada del uso de los instrumentos para pesar de acuerdo a su clase de exactitud

| OIML Clases | Uso |
|---|---|
|  |  |

| I | Especial | peso de precisión en el laboratorio |
|---|---|---|
| II | Fina | mediciones en laboratorios, piedras preciosas, escalas de prueba de granos |
| III | Media | equipo de pesaje comercial no especificado en otra forma |
| IIII | Ordinaria | balanzas de carga rodante, y portátiles para carga pesada utilizadas en la aplicación de las normas de limitación de los pesos en las carreteras |

**Selección de instrumentos para pesar**

El objetivo principal del trabajo con un instrumento para pesar es obtener medidas reproducibles y correctas, con independencia del intervalo en que se mide.

La elección de un instrumento para pesar electrónico se hace en dos pasos:

1. Elección previa del modelo en base a las exigencias deseadas y a las indicaciones técnicas del fabricante.
2. Sometimiento a prueba para averiguar si la balanza se atiene a las exigencias del lugar de instalación.

A la hora de adquirir una balanza las especificaciones desempeñan un papel decisivo en la mayoría de los casos. Bajo el punto de vista técnico son relevantes los puntos siguientes:

a) clase de exactitud y capacidad máxima requerida
b) pesada mínima que se debe hacer en la balanza
c) tolerancia de error relativo que se puede permitir

Para la elección previa de una balanza a base de documentación del fabricante, deben tenerse en cuenta, además de las especificaciones técnicas, las posibilidades de ajuste necesarias, aplicaciones de pesada requeridas y otros factores, por ejemplo, prestación de servicio técnico, plazo de garantía o periodo de disponibilidad de los repuestos.

**Instalación y cuidado de los instrumentos para pesar.**
Una balanza analítica, de precisión fina o especial es un aparato mecánico muy sensible. Las balanzas no son solamente sensibles a los choques, sino que reaccionan también a las rápidas variaciones de temperatura y a las corrientes de aire.

Al instalar una balanza deberán pues tenerse en cuenta los siguientes puntos fundamentales:

El local en el que se instala la balanza deberá disponer, si es posible, de una sola entrada, de modo que no pueda utilizarse como sitio de paso. Como lugar de trabajo son especialmente apropiados los rincones de un local, puesto que son los lugares más rígidos de un edificio.

En ningún caso deberá instalarse una balanza muy cerca de una ventana, dado que existe el peligro de que se recaliente por los rayos solares directos. Lo mismo puede decirse también de los radiadores situados cerca; éstos, además de la radiación térmica directa, producen también corrientes de aire bastante fuertes.

Es importante mantenerla aislada de vibraciones, mantener constante la temperatura ambiente. Las balanzas se deben montar sobre repisas o mesas robustas (espesor mínimo 30 cm). Los locales con suelos inestables o que por escaso espesor de sus paredes no permitan colocar repisas, no sirven para hacer pesadas de precisión. Es necesario mantener temperatura estable en el cuarto de balanzas, sobre todo en balanzas de precisión. Colocar en la puerta de acceso al cuarto un tapete para limpiarse los zapatos. Se cuidará que el suelo del cuarto de medida no esté recubierto de material dieléctrico, para evitar la carga electrostática del operario, ya que las cargas pueden perturbar considerablemente, ya que las fuerzas electrostáticas son mayores de lo que se cree.

## 6.3 PESAS

Para que un objeto se pueda llamar pesa, tiene que cubrir ciertos requerimientos en materiales, superficie y propiedades magnéticas que normalmente están dados por la normas.

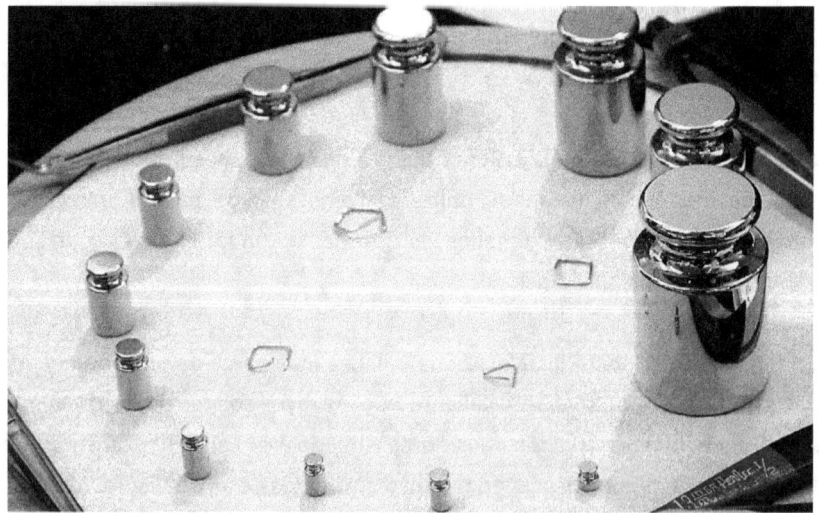

**Materiales**

Las pesas se deben hacer de un material químicamente inerte, no magnético, y lo sufrientemente duro para resistir ralladuras y con una densidad que cumpla con las recomendaciones de la norma OIML R111. Para las pesas de alta calidad como las clases $E_1$ y $E_2$ se usa generalmente acero austenítico. Para exactitudes menores, se pueden fabricar de fierro, latón u otros materiales adecuados.

Es común que las pesas clases $E_1$ y $E_2$ estén realizadas de una sola pieza de material. Pesas de otras clases pueden realizarse de piezas múltiples que pueden tener con una cavidad sellada para permitir ajuste.

**Superficies**

Antes de usar una pesa se debe revisar si tiene ralladuras o está contaminada. Las pesas con raspaduras profundas pueden ser inestables debido a contaminación que llena la ralladura.

**Magnetismo**

Se miden dos características de magnéticas en las pesas: magnetización permanente y susceptibilidad magnética y la OIML establece límites permisibles para varias clases de exactitud. La susceptibilidad magnética es una medida de la capacidad de la pesa para magnetizarse si es puesta en un campo magnético mientras que el magnetismo permanente es una característica de una pesa que no puede alterarse. En algunos casos se puede eliminarse la susceptibilidad magnética con un aparato desmagnetizador.

**Limpieza**

Las pesas se pueden limpiar de polvo con una brocha de cerdas suaves. Cuando llega a ser inevitable su limpieza se frotan con un paño suave y solvente, pero deberá darse tiempo para que se estabilicen antes de usarlas. Para las pesas grandes de hierro fundido se puede usar un cepillo duro y la oxidación se puede quitar con un cepillo de alambre. En casos de mayor exactitud se requiere calibrar las pesas antes y después de la limpieza.

**Manejo de pesas**

Las pesas se deben manejar con mucho cuidado. Deberá evitarse:

a) Tocar con las manos
b) Usar materiales o herramientas filosas o abrasivas
c) Poner en contacto con herramientas o superficies que no estén escrupulosamente limpias.
d) Limpieza por medios no adecuados
e) Que choquen y golpeen entre sí
f) Ser salpicadas, escupidas por el operador

Para el manejo de pesas se usan guantes de gamuza y pinzas o fórceps para tomar las pesas y manipularlas.

**Uso de las pesas**

El uso que se las pesas esta dado según la clase de exactitud a la que pertenezcan. Ver tabla 6.2.

Tabla 6.2 : Uso de las pesas de acuerdo a la clase de exactitud

| Clase de exactitud | Uso recomendado |
|---|---|
| $E_1$ | Asegura trazabilidad entre el patrón nacional y las pesas $E_2$ |
| $E_2$ | Verificación y calibración de pesas $F_1$<br>Verificación y calibración de instrumentos para pesar, clase I<br>Se deben acompañar de un certificado de calibración. |
| $F_1$ | Verificación y calibración de pesas $F_2$<br>Verificación y calibración de instrumentos para pesar, clases I y II |
| $F_2$ | Verificación y calibración de pesas $M_1$<br>Transacciones comerciales importantes (metales y piedras preciosas)<br>Verificación y calibración de instrumentos para pesar, clase II |
| $M_1$ | Verificación y calibración de pesas $M_2$<br>Verificación y calibración de instrumentos para pesar, clase III |
| $M_2$ | Verificación y calibración de pesas $M_3$ |

|  | Verificación y calibración de instrumentos para pesar, clases III y IIII |
|---|---|
| M₃ | Verificación y calibración de instrumentos para pesar, clase IIII |

Tabla 6: Errores Máximos tolerados en pesas OIMLR R111- 2014

| Nominal value* | Class E₁ | Class E₂ | Class F₁ | Class F₂ | Class M₁ | Class M₁₋₂ | Class M₂ | Class M₂₋₃ | Class M₃ |
|---|---|---|---|---|---|---|---|---|---|
| 5 000 kg |  |  | 25 000 | 80 000 | 250 000 | 500 000 | 800 000 | 1 600 000 | 2 500 000 |
| 2 000 kg |  |  | 10 000 | 30 000 | 100 000 | 200 000 | 300 000 | 600 000 | 1 000 000 |
| 1 000 kg |  | 1 600 | 5 000 | 16 000 | 50 000 | 100 000 | 160 000 | 300 000 | 500 000 |
| 500 kg |  | 800 | 2 500 | 8 000 | 25 000 | 50 000 | 80 000 | 160 000 | 250 000 |
| 200 kg |  | 300 | 1 000 | 3 000 | 10 000 | 20 000 | 30 000 | 60 000 | 100 000 |
| 100 kg |  | 160 | 500 | 1 600 | 5 000 | 10 000 | 16 000 | 30 000 | 50 000 |
| 50 kg | 25 | 80 | 250 | 800 | 2 500 | 5 000 | 8 000 | 16 000 | 25 000 |
| 20 kg | 10 | 30 | 100 | 300 | 1 000 |  | 3 000 |  | 10 000 |
| 10 kg | 5.0 | 16 | 50 | 160 | 500 |  | 1 600 |  | 5 000 |
| 5 kg | 2.5 | 8.0 | 25 | 80 | 250 |  | 800 |  | 2 500 |
| 2 kg | 1.0 | 3.0 | 10 | 30 | 100 |  | 300 |  | 1 000 |
| 1 kg | 0.5 | 1.6 | 5.0 | 16 | 50 |  | 160 |  | 500 |
| 500 g | 0.25 | 0.8 | 2.5 | 8.0 | 25 |  | 80 |  | 250 |
| 200 g | 0.10 | 0.3 | 1.0 | 3.0 | 10 |  | 30 |  | 100 |
| 100 g | 0.05 | 0.16 | 0.5 | 1.6 | 5.0 |  | 16 |  | 50 |
| 50 g | 0.03 | 0.10 | 0.3 | 1.0 | 3.0 |  | 10 |  | 30 |
| 20 g | 0.025 | 0.08 | 0.25 | 0.8 | 2.5 |  | 8.0 |  | 25 |
| 10 g | 0.020 | 0.06 | 0.20 | 0.6 | 2.0 |  | 6.0 |  | 20 |
| 5 g | 0.016 | 0.05 | 0.16 | 0.5 | 1.6 |  | 5.0 |  | 16 |
| 2 g | 0.012 | 0.04 | 0.12 | 0.4 | 1.2 |  | 4.0 |  | 12 |
| 1 g | 0.010 | 0.03 | 0.10 | 0.3 | 1.0 |  | 3.0 |  | 10 |
| 500 mg | 0.008 | 0.025 | 0.08 | 0.25 | 0.8 |  | 2.5 |  |  |
| 200 mg | 0.006 | 0.020 | 0.06 | 0.20 | 0.6 |  | 2.0 |  |  |
| 100 mg | 0.005 | 0.016 | 0.05 | 0.16 | 0.5 |  | 1.6 |  |  |
| 50 mg | 0.004 | 0.012 | 0.04 | 0.12 | 0.4 |  |  |  |  |
| 20 mg | 0.003 | 0.010 | 0.03 | 0.10 | 0.3 |  |  |  |  |
| 10 mg | 0.003 | 0.008 | 0.025 | 0.08 | 0.25 |  |  |  |  |
| 5 mg | 0.003 | 0.006 | 0.020 | 0.06 | 0.20 |  |  |  |  |
| 2 mg | 0.003 | 0.006 | 0.020 | 0.06 | 0.20 |  |  |  |  |
| 1 mg | 0.003 | 0.006 | 0.020 | 0.06 | 0.20 |  |  |  |  |

**Periodicidad de calibración**

El periodo de calibración depende de la cantidad y tipo de uso de las pesas y de la clase de exactitud de las mismas. Como regla general se deberan calibrar anualmente hasta que se contruya una historia de calibración. Dependiendo de la estabilidad el periodo de calibración pudier aser extendido a dos o aún hasta cuatro años.

# EJERCICIOS Y PROBLEMAS DEL CAPÍTULO

1. ¿Cuál es la unidad de medida de masa?
2. ¿Cuál es el patrón nacional de masa en tu país?
3. ¿Qué es una balanza?
4. ¿Que es una bascula?
5. ¿ Que forma deben tener las pesas?
6. ¿Qué consideraciones se deben tener en el lugar de instalación de un instrumento de medición?
7. ¿Cual es el objetivo de un instrumento para pesar?

# DÓNDE APRENDER MÁS

1. NOM-038-SCFI-2000 (equivalente a OIML R 111:1994) "Pesas de clase de exactitud $E_1$, $E_2$, $F_1$, $F_2$, $M_1$, $M_2$, $M_3$"
2. OIML R 111-1:2004 "Weightsof classes $E_1$, $E_2$, $F_1$, $F_2$, $M_1$, $M_{1-2}$, $M_2$, $M_{2-3}$, and $M_3$"
3. Los instrumentos para pesar, Amparo Leticia Luján Solís. Universidad Autónoma de Querétaro. 2001

Internet:

Productos Sartorius

# ÍNDICE

## A

Acabado superficial, 93
acreditación, 55
Ajuste, 103
Alcance, 40
ampere, 26
analógicas
    señales eléctricas, 140
Angularidad, 115
Ángulo plano, 28
Ángulo sólido, 28
antropomórfica
    Medida, 11
año, 29
APLAC, 62
Apriete, 104
arroba, 14
autocalibración, 39

## B

Balanza, 166
Báscula, 166
becquerel, 28
BIPM, 60
bit, 140
bloques patrón, 92
Brazos articulados, 135

Buró Internacional de Pesas y Medidas, 17

## C

Calibración, 38
calibrador, 119
calibrador de carátula, 121
calibrador digital, 121
calibrador tipo vernier, 119
calibres de tolerancias, 132
Calibres para agujeros cilíndricos, 132
Calibres para alambres, 133
Calibres para pernos o ejes, 132
Calibres para radios, 133
Calibres para roscas, 132
Calidad, 23
candela, 27
Celsius
    escritura, 35
    grado, 28
Centro Nacional de Metrología, 15
CGPM, 60
cifras numéricas
    escritura, 35
Cilindricidad, 112
CIPM, 60
    comités del, 60
Circularidad (redondez), 112

Clase de exactitud, 47
CMC, 62
coeficiente de correlación, 80
comparador de carátula, 131
Concentricidad / Co-axialidad, 114
Conferencia General de Pesas y Medidas, 25
Convención del Metro, 12, 60
conversiones, 48
Corrección, 45
coulomb, 27
covarianzas asociadas, 80
cuartillo, 14

## D

día, 29
digitales
   señales eléctricas, 140
dimensionales
   Tolerancias, 93
Distribución normal, 77
Distribución rectangular, 78
distribución t de Student, 82
Distribución triangular, 79
división mínima, 46
DMM, 141

## E

electronvolt, 29
ema, 55
ensayos de aptitud, 58
Error, 45
Error normalizado, 59
Escáner Láser (Laser Tracker), 135
escritura de fechas

reglas, 36
escuadras, 129
especificaciones del producto, 93
Estabilidad, 47
estadísticos de desempeño, 59
esterradián, 28
EURAMET, 62
evaluación de la conformidad, 24
Exactitud, 42
Exactitud e Incertidumbre
   Multímetro, 144

## F

factor de cobertura, 82
falsas escuadras, 128
farad, 28

## G

Galgas o calibres de espesores, 133
geométricas
   Tolerancias, 93
goniómetro, 129
grado, 29
grados de libertad, 83
gray, 28
GUM, 73

## H

henry, 28
hertz, 27
Histéresis, 79
hora, 29
husillo, 125

# METROLOGÍA

## I

ILAC, 62
Incertidumbre
  definición, 44
incertidumbre combinada, 81
incertidumbres estándar Tipo A, 76
incertidumbres estándar Tipo B, 76
INM, 61
instrumentos para pesar, 165
Intervalo, 39
ISO 17025
  norma, 55

## J

joule, 27
Juego, 104

## K

kelvin, 26
kilogramo, 26

## L

la legua, 14
legibilidad, 120
ley de Ohm, 147
Ley Federal sobre Metrología y
  Normalización, 15
LFMN, 53
libra castellana, 14
litro, 29
lumen, 28
lux, 28

## M

Magnitud, 25, 40
magnitud de entrada, 81
Magnitud de influencia, 40
Magnitudes de base, 25
Manejo de pesas, 170
Máquinas de medición por coordenadas, 134
masa, 164
material de referencia certificado, 21
Medición, 41
medición de masa, 163
Medición de resistencia, 150
Medición de tensión, 148
medición de tiempo y frecuencia, 148
Mediciones de intensidad de corriente, 152
Mensurando, 41
Método de medición, 41
metro, 26
Metrología, 11, 16
Metrología Científica, 16, 17
Metrología en Química, 22
Metrología Industrial, 16
metrología legal, 53
Metrología legal, 19, 53
Metrología Legal, 16
micrómetro, 124
minuto, 29
modelo de medición, 74
mol, 26
MRA, 61
multímetro, 140
multímetro digital, 141
Múltiplos y submúltiplos, 29

## N

newton, 27
nonio, 120
número efectivo de grados de libertad, 83

## O

octacatl, 13
ohm, 28
OIML, 62
osciloscopio, 155

## P

Paralelismo, 114
pascal, 27
Patrón, 47
Patrón de medida, 39
Peines o calibres para roscas, 133
Perfil, 112
Perpendicularidad, 114
pesa, 169
pesar, 164
Planitud, 112
Precisión, 43
Prefijos, 30
Principio de medición, 41
Procedimiento de medida, 42

## R

radián, 128
Radián, 28
Rectitud, 112
referencias, 110
Regla Universal, 129
reglas, 116
reglas de escritura, 30
   del SI, 30
repetibilidad
   condiciones de, 43
Repetibilidad, 43
reproducibilidad
   condiciones de, 43
Reproducibilidad, 43
Resolución, 45
   Multímetro, 143
Resolución de un indicador digital, 79
Resultado de una medición, 42

## S

segundo, 26, 29
Sensibilidad
   Multímetro, 144
señales eléctricas, 140
siemens, 28
sievert, 28
SIM, 62
Simetría, 114
Sistema coherente de unidades, 25
Sistema Internacional de Unidades, 5, 13, 16, 22, 25, 26
Sistema Métrico de Unidades de Francia, 12
SNC, 54

## T

tambor, 125
Temperatura Celsius, 28
Teorema del Límite Central, 83

tesla, 28
tipo A
   Fuentes de incertidumbre, 76
tipo B
   Fuentes de incertidumbre, 77
tolerancia, 98
tolerancia geométrica, 108
tonelada, 29
trazabilidad
   cadena de, 37
Trazabilidad, 37

## U

unidad de masa atómica, 29

Unidades SI derivadas, 27

## V

vara castellana, 14
Verificación, 39
Vocabulario Internacional de Metrología
   VIM, 37
volt, 28

## W

watt, 27
weber, 28
Welch-Satterthwaite, 83

# COMENTA Y SUGIERE

Muchas gracias por haber adquirido este ejemplar. Agradezco de antemano tus comentarios y sugerencias de mejora, ellos son bienvenidos por el autor al correo-e: aplited.metrologia@gmail.com

Existe algún material adicional (tablas, hojas de Excel, etc.) en: http://aplited.com/publicaciones/

Víctor Martínez Fuentes

## ACERCA DEL AUTOR

Víctor Martínez Fuentes es Ingeniero Mecánico egresado de la UAM-A. Cuenta con maestría y doctorado en Tecnología Avanzada por parte del CICATA-unidad Querétaro del IPN. Tiene 23 años de experiencia en metrología térmica tanto en laboratorios nacionales como apoyando a laboratorios de calibración e industriales. Actualmente es instructor de cursos de Metrología y Termometría

# OTROS LIBROS DEL MISMO AUTOR

Termometría de contacto: Una referencia práctica para la medición de temperatura en el laboratorio y en la industria.

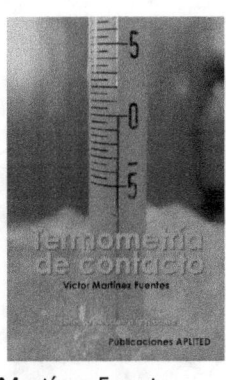 

Autor: Víctor Martínez Fuentes
ISBN: 978-1-520-41901-5
ASIN: B01MRV13KA
e-Book disponible en amazon.com.mx y en amazon.com
Libro impreso, solo en amazon.com
Libro digital en amazon.com.mx
Libro digital en amazon.com

Este libro es una referencia práctica sobre la medición de temperatura. Muestra la evolución de los termómetros hasta llegar a la escala internacional de temperatura vigente. Describe cómo correr los puntos fijos de temperatura para calibrar termómetros. Existen varios capítulos con las diferentes técnicas de medición con termómetros de contacto: Termómetros de líquido en vidrio, Termómetros de resistencia, Termopares. Contiene tablas y ecuaciones que son de utilidad tanto para la medición como para la calibración de termómetros. Está escrito en idioma español y tiene un lenguaje que es accesible a personal técnico

www.ingramcontent.com/pod-product-compliance
Lightning Source LLC
Chambersburg PA
CBHW071455220526
45472CB00003B/808